SAME
The Same Planet
同一颗星球
PLANET

在山海之间

在星球之上

“同一颗星球”丛书

刘东

——主编

最后的蝴蝶

[美] 尼克·哈达德 著

NICK HADDAD

胡劭骥 王文玲 译

THE LAST BUTTERFLIES

A SCIENTIST'S QUEST TO SAVE A RARE AND VANISHING CREATURE

江苏人民出版社

图书在版编目（CIP）数据

最后的蝴蝶 /（美）尼克 · 哈达德著 ；胡劭骥，王文玲译. — 南京 ：江苏人民出版社，2024. 4

（“同一颗星球”丛书）

书名原文：The Last Butterflies：A Scientist's Quest to Save a Rare and Vanishing Creature

ISBN 978 - 7 - 214 - 29032 - 8

Ⅰ. ①最… Ⅱ. ①尼… ②胡… ③王… Ⅲ. ①蝶-普及读物 Ⅳ. ①Q964 - 49

中国国家版本馆 CIP 数据核字（2024）第 054652 号

书　　名　最后的蝴蝶
著　　者　[美]尼克 · 哈达德
译　　者　胡劭骥　王文玲
责任编辑　张　欣
装帧设计　潇　枫
责任监制　王　娟
出版发行　江苏人民出版社
地　　址　南京市湖南路 1 号 A 楼,邮编:210009
照　　排　江苏凤凰制版有限公司
印　　刷　南京新世纪联盟印务有限公司
开　　本　652 毫米×960 毫米　1/16
印　　张　13　插页 12
字　　数　181 千字
版　　次　2024 年 4 月第 1 版
印　　次　2024 年 4 月第 1 次印刷
标准书号　ISBN 978 - 7 - 214 - 29032 - 8
定　　价　78. 00 元
（江苏人民出版社图书凡印装错误可向承印厂调换）

总　序

这套书的选题，我已经默默准备很多年了，就连眼下的这篇总序，也是早在六年前就已起草了。

无论从什么角度讲，当代中国遭遇的环境危机，都绝对是最让自己长期忧心的问题，甚至可以说，这种人与自然的尖锐矛盾，由于更涉及长时段的阴影，就比任何单纯人世的腐恶，更让自己愁肠百结、夜不成寐，因为它注定会带来更为深重的，甚至根本无法再挽回的影响。换句话说，如果政治哲学所能关心的，还只是在一代人中间的公平问题，那么生态哲学所要关切的，则属于更加长远的代际公平问题。从这个角度看，如果偏是在我们这一代手中，只因为日益膨胀的消费物欲，就把原应递相授受、永续共享的家园，糟蹋成了永远无法修复的、连物种也已大都灭绝的环境，那么，我们还有何脸面去见列祖列宗？我们又让子孙后代去哪里安身？

正因为这样，早在尚且不管不顾的20世纪末，我就大声疾呼这方面的“观念转变”了：“……作为一个鲜明而典型的案例，剥夺了起码生趣的大气污染，挥之不去地刺痛着我们：其实现代性的种种负面效应，并不是离我们还远，而是构成了身边的基本事实——不管我们是否承认，它都早已被大多数国民所体认，被陡然上升的死亡率所证实。准此，它就不可能再被轻轻放过，而必须被投以全力的警觉,就像当年全力捍卫'改革'时一样。"①

的确,面对这铺天盖地的有毒雾霾,乃至危如累卵的整个生态,作为长期惯于书斋生活的学者,除了去束手或搓手之外,要是觉得还能做点什么的话,也无非是去推动新一轮的阅读,以增强全体国民,首先是知识群体的环境意识,唤醒他们对于自身行为的责任伦理,激活他们对于文明规则的从头反思。无论如何,正是中外心智的下述反差,增强了这种阅读的紧迫性:几乎全世界的环境主义者,都属于人文类型的学者,而唯独中国本身的环保专家,却基本都属于科学主义者。正由于这样,这些人总是误以为,只要能用上更先进的科技手段,就准能改变当前的被动局面,殊不知这种局面本身就是由科技"进步"造成的。而问题的真正解决,却要从生活方式的改变入手,可那方面又谈不上什么"进步",只有思想观念的幡然改变。

幸而,在熙熙攘攘、利来利往的红尘中,还总有几位谈得来的出版家,能跟自己结成良好的工作关系,而且我们借助于这样的合作,也已经打造过不少的丛书品牌,包括那套同样由江苏人民出版社出版的、卷帙浩繁的"海外中国研究丛书";事实上,也正是在那套丛书中,我们已经推出了聚焦中国环境的子系列,包括那本触目惊心的《一江黑水》,也包括那本广受好评的《大象的退却》……不过,我和出版社的同事都觉得,光是这样还远远不够,必须另做一套更加专门的丛书,来译介国际上研究环境历史与生态危机的主流著作。也就是说,正是迫在眉睫的环境与生态问题,促使我们更要去超越民族国家的疆域,以便从"全球史"的宏大视野,来看待当代中国由发展所带来的问题。

这种高瞻远瞩的"全球史"立场,足以提升我们自己的眼光,去把地表上的每个典型的环境案例都看成整个地球家园的有机脉动。

---

① 刘东:《别以为那离我们还远》,载《理论与心智》,杭州:浙江大学出版社,2015年,第89页。

那不单意味着,我们可以从其他国家的环境案例中找到一些珍贵的教训与手段,更意味着,我们与生活在那些国家的人们,根本就是在共享着"同一个"家园,从而也就必须共担起沉重的责任。从这个角度讲,当代中国的尖锐环境危机,就远不止是严重的中国问题,还属于更加深远的世界性难题。一方面,正如我曾经指出过的:"那些非西方社会其实只是在受到西方冲击并且纷纷效法西方以后,其生存环境才变得如此恶劣。因此,在迄今为止的文明进程中,最不公正的历史事实之一是,原本产自某一文明内部的恶果,竟要由所有其他文明来痛苦地承受……"[①]而另一方面,也同样无可讳言的是,当代中国所造成的严重生态失衡,转而又加剧了世界性的环境危机。甚至,从任何有限国度来认定的高速发展,只要再换从全球史的视野来观察,就有可能意味着整个世界的生态灾难。

正因为这样,只去强调"全球意识"都还嫌不够,因为那样的地球表象跟我们太过贴近,使人们往往会鼠目寸光地看到,那个球体不过就是更加新颖的商机,或者更加开阔的商战市场。所以,必须更上一层地去提倡"星球意识",让全人类都能从更高的视点上看到,我们都是居住在"同一颗星球"上的。由此一来,我们就热切地期盼着,被选择到这套译丛里的著作,不光能增进有关自然史的丰富知识,更能唤起对于大自然的责任感,以及拯救这个唯一家园的危机感。的确,思想意识的改变是再重要不过了,否则即使耳边充满了危急的报道,人们也仍然有可能对之充耳不闻。甚至,还有人专门喜欢到电影院里,去欣赏刻意编造这些祸殃的灾难片,而且其中的毁灭场面越是惨不忍睹,他们就越是愿意乐呵呵地为之掏钱。这到底是麻木还是疯狂呢?抑或是两者兼而有之?

不管怎么说,从更加开阔的"星球意识"出发,我们还是要借这套书去尖锐地提醒,整个人类正搭乘着这颗星球,或曰正驾驶着这

---

① 刘东:《别以为那离我们还远》,载《理论与心智》,第 85 页。

颗星球,来到了那个至关重要的,或已是最后的"十字路口"！我们当然也有可能由于心念一转而做出生活方式的转变,那或许就将是最后的转机与生机了。不过,我们同样也有可能——依我看恐怕是更有可能——不管不顾地懵懵懂懂下去,沿着心理的惯性而"一条道走到黑",一直走到人类自身的万劫不复。而无论选择了什么,我们都必须在事先就意识到,在我们将要做出的历史性选择中,总是凝聚着对于后世的重大责任,也就是说,只要我们继续像"击鼓传花"一般地,把手中的危机像烫手山芋一样传递下去,那么,我们的子孙后代就有可能再无容身之地了。而在这样的意义上,在我们将要做出的历史性选择中,也同样凝聚着对于整个人类的重大责任,也就是说,只要我们继续执迷与沉湎其中,现代智人(homo sapiens)这个曾因智能而骄傲的物种,到了归零之后的、重新开始的地质年代中,就完全有可能因为自身的缺乏远见,而沦为一种遥远和虚缈的传说,就像如今流传的恐龙灭绝的故事一样……

2004年,正是怀着这种挥之不去的忧患,我在受命为《世界文化报告》之"中国部分"所写的提纲中,强烈发出了"重估发展蓝图"的呼吁——"现在,面对由于短视的和缺乏社会蓝图的发展所带来的、同样是积重难返的问题,中国肯定已经走到了这样一个关口:必须以当年讨论'真理标准'的热情和规模,在全体公民中间展开一场有关'发展模式'的民主讨论。这场讨论理应关照到存在于人口与资源、眼前与未来、保护与发展等一系列尖锐矛盾。从而,这场讨论也理应为今后的国策制订和资源配置,提供更多的合理性与合法性支持"①。2014年,还是沿着这样的问题意识,我又在清华园里特别开设的课堂上,继续提出了"寻找发展模式"的呼吁:"如果我们不能寻找到适合自己独特国情的'发展模式',而只是在盲目追随当今这种传自西方的、对于大自然的掠夺式开发,那么,人们也许会

---

① 刘东:《中国文化与全球化》,载《中国学术》,第19—20期合辑。

在很近的将来就发现,这种有史以来最大规模的超高速发展,终将演变成一次波及全世界的灾难性盲动。"①

所以我们无论如何,都要在对于这颗"星球"的自觉意识中,首先把胸次和襟抱高高地提升起来。正像面对一幅需要凝神观赏的画作那样,我们在当下这个很可能会迷失的瞬间,也必须从忙忙碌碌、浑浑噩噩的日常营生中,大大地后退一步,并默默地驻足一刻,以便用更富距离感和更加陌生化的眼光来重新回顾人类与自然的共生历史,也从头来检讨已把我们带到了"此时此地"的文明规则。而这样的一种眼光,也就迥然不同于以往匍匐于地面的观看,它很有可能会把我们的眼界带往太空,像那些有幸腾空而起的宇航员一样,惊喜地回望这颗被蔚蓝大海所覆盖的美丽星球,从而对我们的家园产生新颖的宇宙意识,并且从这种宽阔的宇宙意识中,油然地升腾起对于环境的珍惜与挚爱。是啊,正因为这种由后退一步所看到的壮阔景观,对于全体人类来说,甚至对于世上的所有物种来说,都必须更加学会分享与共享、珍惜与挚爱、高远与开阔,而且,不管未来文明的规则将是怎样的,它都首先必须是这样的。

我们就只有这样一个家园,让我们救救这颗"唯一的星球"吧!

刘东

2018年3月15日改定

---

① 刘东:《再造传统:带着警觉加入全球》,上海:上海人民出版社,2014年,第237页。

每失去一种生灵,我们的星球就少了一分亮色

目　录

译者序

“嘿！你拿网兜捉啥？”

“我在采蝴蝶标本，我研究它们。”

“蝴蝶?！飞得跌跌撞撞，难以避让，打小见它，我就有多远闪多远。”

“那我俩还真不一样，我从小就喜欢蝴蝶，6 岁就开始追着它们跑了。”

上面这段对话，是本书两位译者学生时代初识的场景。或许你很难想象，一个喜欢蝴蝶的人和一个讨厌蝴蝶的人是如何合作这本译著的？

是的。无论你喜欢蝴蝶，还是讨厌蝴蝶；无论你小时候追着蝴蝶跑，还是被蝴蝶追着跑，蝴蝶一直都是人们儿时与大自然最好的联结之一。不同时代，文人墨客的笔下都有蝴蝶的身影，有大家耳熟能详的“儿童疾走追黄蝶”“庄生晓梦迷蝴蝶”，也有美丽的爱情故事“梁祝化蝶”，后者在音乐家想象中，化成了你我脑中动听的旋律，也成为世界理解中国自然文化的途径之一。

蝴蝶，不仅是你我的儿时记忆、诗篇里的精灵、爱情的象征，作为重要的传粉昆虫，它们承担着维持生态平衡，为人类提供必需生态服务的关键作用。有超过 2 万种开花植物需要依靠蝴蝶才能传粉，其中就有我们餐桌上的水果。蝴蝶的幼虫以植物为食，还与蚂蚁等昆虫有着紧密的依存关系,它们本身又是其他动物的食物,这样的关系交织在一起,就形成了生态系统里的食物网。蝴蝶是庞大的昆虫家族的一员,它们十分醒目,通过它们我们可以了解那些不起眼的昆虫是否活得好…… 蝴蝶连接了我们和自然——给我们带来了食物,为我们稳定了环境,还给了我们理解环境变化的窗户。

人类理解蝴蝶的意义已近千年,开展蝴蝶保育仅有 200 年。英国是最早开展蝴蝶监测和保育工作的国家,德国已经为蝴蝶量身定制了完备的监测标准,美国在其本土开展了诸多稀有蝴蝶的拯救工作。我国的蝴蝶保育事业大体上始于 20 世纪 80 年代末,在 2016 年环保部(今生态环境部)启动的"全国蝴蝶多样性观测"项目开启了一个新的阶段。随着生态文明建设的持续推进,蝴蝶也逐渐走上了生物多样性保育舞台的中心位置。在这样的时代背景下,让更多人了解蝴蝶对我们的价值,对我国在未来推动生物多样性保育事业发展具有重要的意义。

这本书是美国密歇根州立大学尼克·哈达德教授所著的一本科普读物。开篇第一部分讲述了 6 种生活于美国本土的稀有蝴蝶的故事。这些蝴蝶曾经数量众多,活得滋润,但由于栖息地受到人类活动的侵占,种群快速衰退到了濒临灭绝的边缘;经过尼克和他的团队数十年的拯救工作,它们得以幸存。第二部分讲述了霾灰蝶在英国灭绝的历程和险象环生的君主斑蝶。作者从蝴蝶的生命历程着眼,描述了其生存之不易,阐释了人类活动对生物多样性带来的负面影响,并提出了一些对策。最后一章充满了作者对稀有蝴蝶命运的担忧和对人类的希冀,指出了人类才是拯救生物多样性的核心力量。全书的科学性和趣味性契合得十分到位,用几个故事娓娓道出了美国科学家们为保护生物多样性付出的努力和艰辛。

在译著即将完成和付梓之际,我们真切地期待有更多的读者能通过书里的故事感知自然之美,唤醒深藏于自己心底的那份热爱自然、爱护生灵的赤诚,用自己的力量去践行保护环境、保护生物多样性的公民职责;与我们一起,为世界自然保育提出我们自己的方案,为生态文明的建设出一份力。

此外,我们在翻译这本书的过程中,得到了几位挚友和同事的帮助。在此,我们真诚地向他们道谢。

首先,感谢云南大学的李海英和陈庄彦两位老师读了我们翻译的初稿,并为我们修改,他们的付出让本书变得更好。此外,感谢国家林勘院昆明分院的尹志坚博士帮我们把关书里的植物名称,中国科学院昆明动物研究所的张浩淼博士帮我们拟定了一种蜻蜓的中文名,云南大学农学院的王贤智老师为我们解答了转基因大豆的问题。

我们还要感谢云南大学的蝴蝶研究团队,无论是在读的研究生,还是已经毕业但仍在团队里一起工作的队友。他们是段匡、张鑫、张晖宏、邢东辉、蒋卓衡、许振邦、何富荣、余欣童、贾雅琦、罗丹、李建军。十多年来,我们遍访云南的山山水水。我们把青春留在了野外,看了不少蝴蝶,也见证了珍稀物种的兴衰。和他们在一起,我们也得到了许多有关蝴蝶保育的灵感和思路。

最后,关于这本书的翻译体例,我们在此作个说明。一是本书涉及许多蝴蝶的拉丁学名和英文俗名,为便于读者理解,除特定场合,翻译时我们会在正文中译出物种名,并在脚注中标注其亚种名。二是本书涉及蝴蝶英文俗名的部分,我们按其对应的拉丁学名将其译为国内通用的中文名,并在脚注中解释部分蝴蝶英文俗名的由来,中文译名主要参考寿建新等人的《世界蝴蝶分类名录》一书。三是本书涉及的英美制单位,在译文中,我们均已按国内通用单位进行换算更改,书中不再一一标记。

胡劭骥　王文玲

2021 年 10 月 16 日

昆明,云南大学东陆园

中文版序

我在《最后的蝴蝶》里写的保育案例，不仅对珍稀蝴蝶有用，对其他蝴蝶和昆虫也适用。在北美洲和欧洲之外，无论是中国还是其他东亚国家，蝴蝶所面临的威胁都是一样的——栖息地减少、气候变化、农药问题，等等。

本书出版后，新的研究不断揭示着蝴蝶数量减少的事实。我的研究团队也发现，在过去的 20 年里，美国俄亥俄州的蝴蝶数量就减少了三成。[①] 在英国、荷兰和西班牙东北部的加泰罗尼亚，人们基于长期观测也得出了类似的结果。2016 年，中国第一次建起了蝴蝶多样性观测网络，600 多条观测样线遍及全国。假以时日，中国的科学家们也会发现蝴蝶减少的规律，亦会找到物种恢复的措施。

蝴蝶反映了全体昆虫的困境，它们共同承受着相同的环境威胁。2020 年，一项前沿研究分析了全球的长期观测数据，再次证实了这个结论。这个研究表明，陆生昆虫的数量正在以每年 8.8% 的速率减少。照这个骇人的节奏下去，所有的生态系统都会转入危境。[②] 北美洲和欧洲的很多研究团队都得出了相同的结论，但亚洲的研究数量过少，难以揭示该区域的总体态势。因此，中国蝴蝶观

---

① Wepprich, T., Adrion, J. R., Ries, L., et al. (2019), "Butterfly abundance declines over 20 years of systematic monitoring in Ohio, USA"(《20 年系统监测显示美国俄亥俄州蝴蝶多样性和种群的衰退》), *PLoS ONE*(《公共科学图书馆期刊》) 14 (7): e0216270.

② van Klink, R., Bowler, D. E., Gongalsky, K. B., et al. (2020), "Meta-analysis reveals declines in terrestrial but increases in freshwater insect abundances"(《大数据分析揭示出陆生昆虫丰富度减少但淡水剩昆虫丰富度增加》), *Science*(《科学》) 368 (6489): 417 – 420.

测的数据就尤为重要[1]，它最终能让我们看清上述趋势是否在全球都一样，我觉得会是一致的。

本书出版后，我又做了几种稀有蝴蝶的保育工作。我的团队研究了灿弄蝶，这种蝴蝶在野外只剩几百只了，并分散在4个很小的种群里。我们在实验室里饲养灿弄蝶，然后再放归野外。目前，我们饲养的幼虫数量已经和它的野外种群数量差不多了。此外，我们还研究了米氏环眼蝶的指名亚种，它分布在密歇根州，以及700多公里外的亚拉巴马州和密西西比州，中间没有任何种群。现在，北部种群的情况很不乐观，我们在尝试用南部种群来拯救北部种群。我衷心希望，这些研究能惠及其他地方的稀有蝴蝶保育。

研究稀有蝴蝶很多年，我习得的一个重要技能就是"学会接受挫折"。在本书的米氏环眼蝶一章里，我们的恢复工作取得了圆满成功。可就在本书出版后，我们引以为傲的那个种群却从2017年的700多只一直减少到了现在的100多只。我们的头皮都快抓破了，但我们还是得坚持下去。

我衷心希望这本书能为中国和东亚的蝴蝶保育事业提供一些思路和案例，并给那些亟待保护的种类带去希望。

尼克·哈达德

---

① 马方舟等：《全国蝴蝶多样性观测网络（China BON-Butterflies）》，《生态与农村环境学报》2018年第1期，第27—36页。

原版序

在学术界，一种和我颇有渊源的蝴蝶的学名也十分有趣，那就是庸弄蝶（*Inglorius mediocrius*）①。从字面上看，它的意思就是“平庸的弄蝶”②。在彩版图1（下图）中可以看见它，个子很小，翅膀展开不到3厘米，通体棕色，嵌着几处沙粒样的斑点。大概你也会同意，在那些无数以“平庸”命名的物种当中，它真是当之无愧。尽管它的名字取得有些搞笑，但它是我和稀有蝴蝶结缘的象征。③

我小时候并没有立志要当一名科学家，更没有想过要去照看稀有蝴蝶。我年轻时也不是蝴蝶迷，既没收集过蝴蝶，更没养过毛毛虫。花了很多年，我才意识到自己对这个研究领域有激情。1992年从斯坦福大学毕业后，我顺势留在了学校的保育生物学中心工作。我最初的任务是梳理危地马拉北部的蝴蝶种类。那时，我并不是很喜欢蝴蝶，只是觉得到危地马拉出野外听起来很酷。在危地马

---

① 本种在国内文献里暂无中文名，根据乔治·奥斯汀（G. T. Austin）在1997年的原始发表里指定的拉丁词意：属名“inglorious”意为不显著的，种名“mediocris”意为平庸的。结合二者，译者在本书里把这个种暂且叫作庸弄蝶，因为奥斯汀当年以该种建立了 *Inglorius* 属，故该属在此称为庸弄蝶属。——译者注

② 原著英文俗名为 Mediocre Skipper，“mediocre”的意思是平庸的，“skipper”则是弄蝶的统称，主要用来描述其飞行方式跳跃状。——译者注

③ 乔治·奥斯汀很擅长讽刺式的幽默，现在回想起来，庸弄蝶这个名字一点也不怪；我脑海里甚至浮现出了乔治在给它取名字时的表情。庸弄蝶并不是乔治在那篇论文里唯一描述的新种，另一个新种是殷黄涅弄蝶（*Niconiades incomptus*）。在乔治描述的蝴蝶中，有一种以前只分布于巴西南部，一种只分布于圭亚那，还有两种只分布于秘鲁。这进一步说明，人们对热带蝴蝶稀有性的认识还不足。见 Austin, G. T. (1997)，“Notes on the Hesperiidae in northern Guatemala, with descriptions of new taxa”（《危地马拉北部弄蝶科物种记录和新种描述》），*Journal of the Lepidopterists' Society*（《鳞翅学会志》）51：316－332。

拉，中心的几位蝴蝶专家陪了我一周后，就把我独自留在热带雨林里了（彩版图1，上图）。我身边只有一顶帐篷、一辆旧山地车和几支捕虫网。他们不大相信我这个毛头小伙能鉴定500多种的热带蝴蝶。因此，他们只是让我采集见到的蝴蝶，然后把标本寄给他们。我一干就是2年。

任务完成后不久，我就离开危地马拉去读研了。5年后，当年带我去危地马拉的博物馆学者乔治·奥斯汀给我发了一篇他写的论文，论文里记述了我当年采集的那些蝴蝶。

我一眼就认出了那只蝴蝶，它居然是个新种——庸弄蝶。当时，它在我眼里平淡无奇。毕竟，我们还采到了不少别的新种。在这些新种里，有我第一周就抓到的蒂卡尔细纹蚬蝶（*Calephelis tikal*），它是以蒂卡尔国家公园命名的。但在我读了那篇论文后，我发现庸弄蝶比蒂卡尔细纹蚬蝶稀奇多了。庸弄蝶属（*Inglorius*）是一个新属，一个可能有上百万年历史的蝴蝶家族。在学术界，一个属是由一组在形态和遗传学上相似的物种组成的。例如，君主斑蝶（*Danaus plexippus*）[①]所在的属是斑蝶属（*Danaus*），这个属还有其他12个物种。我给乔治寄去的标本里竟有如此独特的东西，令我感到十分惊讶。在发现它以后的20年间，人们在危地马拉和周边国家仅采到过5个标本，而且从未发现其他同属的物种。庸弄蝶从此萦绕在我的思绪中。这段经历让我明白了一个道理：蝴蝶和昆虫的多样性及稀有性还有很多未知的东西，等待我们去发现。

从危地马拉回来以后，我也没有马上去研究稀有蝴蝶。我的本科学位论文是关于橡树林里的鸟类的，它主要回答的科学问题是，森林减少如何影响鸟的多样性。那时，我的研究地点就在旧金山湾区（Bay Area），不远处的草地便是艾地堇蛱蝶（*Euphydryas*

---

① 原著英文俗名为Monarch。——译者注

editha)[①]的生境,但我从未涉足。

在佐治亚大学读研的时候,我也没去研究稀有蝴蝶。在研究生院,我继续着鸟类的研究。为了这些鸟儿,我想搞出一种生物多样性保育的方法,来缓解它们因为栖息地丧失而受的罪。景观走廊就像动物和植物的“高速公路”,它们可以把那些分散成小块的生境[②]重新连接起来。我和美国林务局合作了一个大型实验,来测试景观走廊是否有用。在我开始这项研究后不久,我的导师罗恩·普利亚姆(Ron Pulliam)教授把我引向了常见蝴蝶的研究领域。[③] 在那以后的10年中,我发现景观走廊对蝴蝶来说不但是超级高速公路,而且能增加蝴蝶的数量。但就算是这样,我研究过的蝴蝶都并不稀有。

我真正接触稀有蝴蝶是在2001年。那年,我刚到北卡罗来纳州立大学任教。当时,政府部门和保育组织正在紧锣密鼓地为2种稀有蝴蝶制定保育计划,分别是米氏环眼蝶(*Neonympha mitchellii*)[④]和晶墨弄蝶(*Atrytonopsis quinteri*)[⑤]。他们要求我把生境丧失和蝴蝶有关的专长用起来,我欣然受命了。我被这些蝴蝶迷住了,因为它们竟然能在高度破碎化的环境中活下来。显然,景观走廊能提升其种群恢复的速度。这些蝴蝶和它们的生活环境正是我这些年一直在寻找的,我可以借着这个机会实践我读博期间的所学。作为一个天真

---

① 为艾地堇蛱蝶的旧金山亚种(ssp. *bayensis*),由罗伯特·斯特尼茨基(R. F. Sternitzky)在1937年发现并命名。亚种名来自旧金山湾区的拉丁化,故其英文俗名叫作Bay Checkerspot,主要描述了翅面的格子状花斑。——译者注

② 原著的专业术语为“破碎化”,指原有的空间上连续的生境因退化或人为干扰而变成彼此分离的小块生境。——译者注

③ 蝴蝶是我毕业论文的唯一焦点。见Haddad, N. M. (1999),“Corridor and Distance Effects on Interpatch Movements: A Landscape Experiment with Butterflies”(《廊道和距离对物种在景观斑块间迁移的作用:基于蝴蝶的景观生态学实验》),*Ecological Applications*(《生态学应用》)9: 612-622。在我和另一位研究生罗伯特·切尼(Robert Cheney)做了实验后,我们开始和美国林务局合作,吸引了研究鸟类、哺乳动物、植物、传粉昆虫和其他物种的专家加入我们。

④ 为米氏环眼蝶的北卡亚种(ssp. *francisci*),由大卫·帕歇尔(D. K. Parshall)和托马斯·克拉尔(Thomas Krall)在1989年发现并命名。亚种名为纪念热爱自然、关爱动物的意大利天主教修道士、执事和传教士圣方济各(San Francesco d'Assisi)而取,故其英文俗名叫作St. Francis' Satyr。Satyr是眼蝶的统称,词源是希腊神话里半人半羊的森林神萨蒂尔。——译者注

⑤ 原著英文俗名为Crystal Skipper。——译者注

的超乐观主义者,我认为我的专长能很快让它们的种群恢复起来。我就要成为这些物种的救星了!

我搬到北卡,并开始研究稀有蝴蝶几年后,我和我的研究生艾莉森·莱德纳(Allison Leidner)争辩过谁研究的蝴蝶才算稀有。是我吗?我的米氏环眼蝶可是只在一个军事基地方圆14公顷的射击场里才有的。是艾莉森吗?她的晶墨弄蝶在一条长48公里、宽45米的沙洲上有好几个种群。我很好胜,一心想赢,不想军方却给我泼了一盆冷水。那时,他们还不允许我到射击场里去观测米氏环眼蝶。既然我赢不了,我就打算换一种更稀有的蝴蝶来研究。就这样,我踏上了长达数十年的寻蝶之旅。

现在,我研究稀有蝴蝶已有20多年了。我渐渐发现,它们赋予了我独到的科研视角和世界观。稀有蝴蝶不仅揭示出地球上生命的多样性,也反映出了这些多样性正在丧失的现实。蝴蝶是普罗大众最熟悉的昆虫,它们的多样性丧失昭示着地球上最庞大而多样的昆虫家族(这里没有考虑微生物)也已经岌岌可危。在这本书里,我把这些稀有蝴蝶的发现过程、科研成果、受到的威胁和保育措施融合在一起。在撰写的过程中,我力求总结出这些蝴蝶衰退的原因,以及适用于它们的保育和恢复措施。这些经验不仅适用于蝴蝶,还适用于其他稀有动物和植物。

尼克·哈达德

致　谢

我的密友兼同事罗布·邓恩（Rob Dunn）、保罗·埃利希（Paul Ehrlich）和阿隆·泰（Alon Tal）给了我不少灵感，让我能通过这本关于珍稀蝴蝶的书探讨更多的科学研究和自然保育方面的问题。我感谢他们在本书写作所有阶段给予的支持。

我实验室的学生是研究本书中3种稀有蝴蝶的世界级专家，3种蝴蝶分别是米氏环眼蝶、晶墨弄蝶和斑凯灰蝶（*Cylargus thomasi*）。这些稀有蝴蝶的故事来源于他们在求学路上的发现与心得。他们是：布赖恩·赫金斯（Brian Hudgens）、丹尼尔·库夫勒（Daniel Kuefler）、杰茜卡·阿博特（Jessica Abbott）、贝姬·哈里森（Becky Harrison）、艾莉森·莱德纳、诺亚·戴维戴（Noa Davidai）、妮科尔·瑟盖特（Nicole Thurgate）、劳拉·沃格尔·米尔科（Laura Vogel Milko）、希瑟·凯顿（Heather Cayton）、约翰尼·威尔逊（Johnny Wilson）、艾尔西塔·基凯布什（Elsita Kiekebush）、埃丽卡·亨利（Erica Henry）、埃里克·阿什豪格（Erik Aschehoug）、弗郎西丝·西瓦科夫（Frances Sivakoff）、泰森·维普利奇（Tyson Wepprich）、珍妮·麦卡蒂（Jenny McCarty）、本·普鲁尔（Ben Pluer）和维多利亚·阿马拉尔（Victoria Amaral）。此外，还有大约100名本科生参与了我们的研究工作。

在稀有蝴蝶的研究和保育领域，我得到了3位老师的启迪。从大学时期认识斯图·韦斯（Stu Weiss）至今，他都毫无保留地分享他研究艾地堇蛱蝶的经验。多年来,我从他的成功和挫败中学到了很多。我与谢丽尔·舒尔茨(Cheryl Schultz)合作了10年之久,她也带领我近距离接触到了伊卡爱灰蝶(*Icaricia icarioides*)的保育工作。每当我的思绪开始游离时,谢丽尔总能把我的注意力拉回到蝴蝶生物学的关键细节上。贾里特·丹尼尔斯(Jaret Daniels)不仅充当了以上两个角色,还指引着我有关于寻找稀有蝴蝶的方向。他是佛罗里达南部的稀有蝴蝶专家[尤其是斑凯灰蝶和阿里芷凤蝶(*Heraclides aristodemus*)],时常和我分享他的知识。同时,他也是全球知名的蝴蝶博物馆馆长,一直以来都是我查证蝴蝶的首要人选。

有许多同事开拓了我对稀有蝴蝶生存潜能的视野,也加深了我对生态学的理解。在他们当中,伊丽莎白·克龙(Elizabeth Crone)、比尔·莫里斯(Bill Morris)、吉娜·海姆斯·布尔(Gina Himes Boor)、布赖恩·赫金斯、艾莉森·劳思安(Allison Louthan)、谢丽尔·舒尔茨、杰夫·沃尔特斯(Jeff Walters)和诺拉·沃乔拉(Norah Warchola)率先开展了更大范围的合作,这些研究不仅适用于稀有蝴蝶,还可以推广到其他动植物上。

如果离开了从州到联邦各级管理人员和各位专家的努力,这本书里的有些蝴蝶可能早就灭绝了。他们让我明白了一个道理,科研并非总在指导实践。相反,科研与管理之间是双向互动,互为前提的。这种互动是十分有益的。在长期的合作过程中,我的实验室和查德·安德森(Chad Anderson)、布赖恩·鲍尔(Brian Ball)、杰基·布里切尔(Jackie Britcher)、史蒂夫·霍尔(Steve Hall)、贝姬·哈里森、埃里克·霍夫曼(Erich Hoffman)、菲利普·休斯(Phillip Hughes)、安妮·莫基尔(Anne Morkill)、吉米·萨德尔(Jimi Saddle)、马克·萨尔瓦托(Mark Salvato)、萨拉·斯蒂尔·卡布雷拉(Sarah Steele Cabrera)、汤姆·威尔默斯(Tom Wilmers)和凯特·瓦茨(Kate Watts)建立了密切的关系。此外,美国鱼类及野生动植物管理局、佛罗里达群岛国家野生动物保护区、国家公园管理局、国防部以及战略环境研发计划的工作人员也为我的工作和物种保护奉献了时间,提供了支持。

在本书的叙事方面,我得到了很多宝贵意见,是他们帮我把故事讲得更好。这几位朋友和同事通读了整本书稿,他们是:希瑟·凯顿、朱莉·多尔(Julie Doll)、凯瑟琳·哈达德(Kathryn Haddad)、大卫·威尔科夫(David Wilcove)、谢丽尔·舒尔茨、贾里特·丹尼尔斯和大卫·帕夫里克(David Pavlik)。还有的读了一部分,他们是:尼尔·弗兰克斯(Neal Franks)、贝蒂·弗兰克斯(Betty Franks)、保罗·埃利希、罗布·邓恩、阿隆·泰、史蒂夫·普斯提(Steve Pousty)、霍莉·门宁格(Holly Menninger)、斯图·韦斯、莱斯利·里斯(Leslie Ries)、萨拉·桑德斯(Sarah Saunders)、埃莉斯·齐普金(Elise Zipkin)、鲍勃·派尔(Bob Pyle)、艾莉森·莱德纳、埃丽卡·亨利、马修·布克(Matthew Booker)、阿特·夏皮罗(Art Shapiro)、肖恩·瑞安(Sean Ryan)、杰克·刘(Jack Liu)、彼得·辛格尔顿(Peter Singleton)、卡伦·奥伯豪瑟(Karen Oberhauser)、威尔·韦策尔(Will Wetzel)、保罗·塞弗恩斯(Paul Severns)和萨拉·斯蒂尔·卡布雷拉。

希拉里·扬(Hillary Young)、鲁道夫·德佐(Rodolfo Dirzo)和阿努拉格·阿格拉沃尔(Anurag Agrawal)无私地向我提供了他们论文里的图。这些数据不仅可以帮助我讲好故事,也能帮助读者理解稀有蝴蝶的衰退过程和我们所做的研究。

在写书的同时,我还有幸欣赏了许多摄影佳作。摄影师们无私地拿出了他们的作品给我做插图。在此,我也要感谢斯图·韦斯、谢丽尔·舒尔茨、布赖恩·赫金斯、兰迪·纽曼(Randy Newman)、莫莉·麦卡特(Molly McCarter)、安迪·沃伦(Andy Warren)、吉姆·布罗克(Jim Brock)、珍妮·麦卡蒂、杰夫·皮彭(Jeff Pippen)、阿兰娜·爱德华兹(Alana Edwards)、贾里特·丹尼尔斯、金·戴维斯(Kim Davis)、迈克·斯坦格兰(Mike Stangeland)、约翰尼·威尔逊、大卫·帕夫里克、玛莎·莱斯肯汀(Martha Reiskind)、尼克·格里申(Nick Grishin)、伊丽莎白·埃文斯(Elizabeth Evans)、彼得·劳(Peter Law)、博比·麦凯(Bobby McKay)和唐纳德·古德胡斯(Donald Gudehus)。我真心希望这本书能有更多的空间来放这些美丽的照片。

我还必须感谢尼尔·麦科伊(Neil McCoy),他在彩版图设计和照片排版上做了大量辛苦的工作。他是个天才,可以把我那些复杂的想法变成通俗易懂、饶有兴味的图。

普林斯顿大学出版社的编辑艾莉森·卡莱特(Alison Kalett)替我润色了书里的故事。她不仅耐着性子看完了我的初稿,还一直积极地鼓励我做得更好。埃伦·富斯(Ellen Foos)精心为这本书做了美工设计,埃米· 休斯(Amy Hughes)则逐字逐句地做了编辑工作。

我的父母尼克(Nick Haddad)和帕特(Pat Haddad)从小就让我接触大自然。每年夏天,我们都是在切萨皮克湾沿岸的家庭农场中度过的。在我攻读生态学以及踏上研究稀有蝴蝶之路的岁月里,他们都始终坚定地支持我,也十分乐意分享我的心得。

凯瑟琳、海伦(Helen)和欧文(Owen)一年到头都在听我不停地叨叨稀有蝴蝶的故事。有时他们会听得着迷,有时也会不耐烦。他们还常常搭上自己的假期陪我去找蝴蝶。他们每人都见到过几种稀有蝴蝶。因为他们的陪伴,我所做的一切都变得更有意义。

彩版图 1　上图：尼克·哈达德在危地马拉的蒂卡尔国家公园；尼克·哈达德摄影。下图：庸弄蝶；金·戴维斯、迈克·斯坦格兰和安迪·沃伦摄影，美国蝴蝶基金会供图

彩版图 2　上左图:艾地堇蛱蝶旧金山亚种。上右图:艾地堇蛱蝶的幼虫。下图加利福尼亚州凯奥特岭的蛇纹岩草地艾地堇蛱蝶的栖息地。三幅图均由斯图亚特·怀斯摄影

彩版图 3　伊卡爱灰蝶俄勒冈亚种；谢丽尔·舒尔茨摄影

彩版图 4　上图:伊卡爱灰蝶的幼虫在取食金氏羽扇豆;布赖恩·赫金斯摄影。下图:我的研究团队发现伊卡爱灰蝶幼虫的场景,背景为其栖息地;谢丽尔·舒尔茨摄影

彩版图 5　晶墨弄蝶；兰迪・纽曼摄影

彩版图 6　上图:晶墨弄蝶的幼虫栖息在海岸裂稃草叶片上;兰迪·纽曼摄影。下图:艾莉森·莱德纳在北卡罗莱纳州的梅肯堡州立公园调查晶墨弄蝶的栖息地;尼克·哈达德摄影

彩版图 7　斑凯灰蝶佛罗里达亚种；约翰尼·威尔逊摄影

彩版图 8　上图:斑凯灰蝶幼虫和护卫蚁在岛礁猴耳环叶片上;莫莉·麦卡特摄影。中图:博卡格莱德岛上的岛礁猴耳环遭到北厄尔玛飓风破坏后的状态;尼克·哈达德摄影。下图:厄尔玛飓风带到马克萨斯群岛上的沙土;玛莎·莱斯肯汀摄影

彩版图 9　米氏环眼蝶北卡亚种;珍妮 · 麦卡蒂摄影

彩版图 10　上图:米氏环眼蝶的幼虫栖息在米氏薹草叶片上;下图:恢复湿地用的人工塑胶坝。两幅图均由尼克·哈达德摄影

彩版图 11　阿里芷凤蝶北美亚种；贾里特·丹尼尔斯摄影

彩版图 12　上图：阿里芷凤蝶幼虫；佛罗里达自然博物馆供图。下图：研究团队进入海滨常绿阔叶林调查阿里芷凤蝶的场景；尼克·哈达德摄影

彩版图 13　霾灰蝶英伦亚种；大英博物馆供图

彩版图 14　君主斑
杰夫·皮彭摄影

彩版图 15　灿弄蝶；大卫·帕夫里克摄影

米氏环眼蝶

晶墨弄蝶

艾地堇蛱蝶

伊卡爱灰蝶

斑凯灰蝶

阿里芷凤蝶

君主斑蝶

霾灰蝶

彩版图16　稀有蝴蝶;除霾灰蝶改自大英博物馆供图,其余都改自金·戴维斯、迈克·斯坦格兰和安迪·沃伦摄影,美国蝴蝶基金会供图

轻微的生灵

2001年夏天，我刚到北卡罗来纳州立大学工作，为了寻找2个米氏环眼蝶的种群，凭着手中最新的生境记录的指引，沿着辙印的小径，穿过松林，来到了北卡南部的布拉格堡军事基地附近，拜访一个刚被发现的、易观察的种群。这次探寻之旅正式开启了我研究米氏环眼蝶的工作，也确实有些许收获，还发现了几个新种群，而这些发现，让我继续深入布拉格堡深处的湿地，以探寻那些尚无人知的种群。此后的每个夏季，我都去那里探寻——艰难地趟过沼泽，费力地穿过密生如墙的灌丛藤蔓——但多是徒劳。寻找米氏环眼蝶新种群的艰难，似乎在冥冥之中应合着我未来20年的科研之路。[1]

---

① 我刚到布拉格堡时，基地的生物学家埃里克·霍夫曼和自然遗产项目的生物学家史蒂夫·霍尔就已经发现了所有米氏环眼蝶的种群。他们在7条不同的小溪上一共发现了24个米氏环眼蝶的分布点（我把同一条小溪上的所有个体都定义为一个种群）。参见 Hall, S. P. & Hoffman, E. L. (1994), "Supplement to the rangewide status survey of Saint Francis' Satyr *Neonympha mitchellii francisci* (Lepidoptera: Nymphalidae); 1993 field season"（《对1993年米氏环眼蝶分布范围调查的补充说明》），Report to the US Fish and Wildlife Service, Region 6 Endangered Species Office, Asheville, NC。

本书的主角——蝴蝶,是一类轻微的生灵[①]。试想一下,假若在你晚餐闲聊时,让你列举几种稀有动物,你会想到什么呢?我猜多数答案会是诸如大熊猫(*Ailuropoda melanoleuca*)、黑犀牛(*Diceros bicornis*)、斑林鸮(*Strix occidentalis caurina*)之类。的确,这些动物与我研究的那些蝴蝶一样,都是稀有的且受到威胁,但与稀有蝴蝶不同的是,它们都是标志性的大型脊椎动物。另外,至少在我看来,这些动物很可能并不真像某些蝴蝶一样稀少。[②]

全世界的蝴蝶约有1.9万种[③],与拥有550万个物种的昆虫王

---

① 原著里为"a sliver of creation",根据原著的核心思想,译者选择"轻微"来表达我们对其重要性认识的不足,有"将其看轻而认为其微不足道"之意。——译者注

② 截至撰写本书时,大熊猫的种群数量为1 864只;参见 Swaisgood, R. R., Wang, D. & Wei, F. (2018), "Panda downlisted but not out of the woods"(《大熊猫已不再濒危但尚未脱离险境》), *Conservation Letters*(《保育通信》) 11 (1): el2355。黑犀牛的种群规模为5 250只;参见 Emslie, R. H., Milliken, T., Talukdar B., et al. (2011), "African and Asian rhinoceroses — status, conservation and trade: A report from the IUCN Species Survival Commission (IUCN SSC), African and Asian Rhino Specialist Groups, and TRAFFIC to the CITES Secretarist pursuant to Resolution Conf. 9.14 (Rev. CoP15)"(《非洲和亚洲犀牛的生存、保育及贸易现状:世界自然保护联盟物种生存委员会非洲和亚洲犀牛专家组、国际野生物贸易研究组织和国际濒危物种贸易公约秘书处的报告》), United Nations Framework Convention on Climate Change, Conference of the Parties 17, CoP17 doc. 68, annex 5。斑林鸮的种群规模为3 000—6 000只,参见 US Fish and Wildlife Service (2011), "Revised recovery plan for the Northern Spotted Owl (*Strix occidentalis caurina*)"[《斑林鸮种群的恢复方案(修订版)》], US Department of Interior, Portland, OR。

③ 关于估算物种数量的方法,参见 van Nieukerken, E. J., Kaila, L., Kitching, I. J., et al. (2011), "Order Lepidoptera Linnaeus, 1758"(《鳞翅目》), in Zhang, Z. Q. ed., "An outline of higher-level classification and survey of taxonomic richness"(《高阶物种分类和丰富度调查方法导论》), *Zootaxa*(《动物分类》) (Special Issue) 3148: 212-221。但这篇文章里并不包括亚种的数量,以及我在本书中介绍的一些对象。为了说明物种和亚种的数量关系,我综合了几个区域性的数据:一是北美洲墨西哥以北的区域,843种、1 008亚种,参见 Pelham, J. P. (2018), "A catalogue of butterflies of the United States and Canada"(《美国和加拿大蝴蝶名录》), Butterflies of Americ, rev. Sept. 18, 2018, http://www.butterfliesofamerica.com/US-Can-Cat.htm;二是英国,126种、30亚种,参见 Agassiz, D. J. L., Beavan, S. D. & Heckford, R. J. (2013), *Checklist of the Lepidoptera of the British Isle*(《英伦三岛鳞翅目昆虫名录》), Handbooks for the Identification of British Insects. (St. Albans, UK: Royal Entomological Society);三是希腊,235种、7亚种,参见"The Butterflies of Greece"(《希腊蝴蝶》), users.auth.gr/%7Eefthymia/Butterflies/, accessed on Oct. 27, 2018;四是智利,124种、24亚种(不包括灰蝶科),参见 Pyrcz, T. W., Ugarte, A., Boyer, P., et al. (2016), "An updated list of the butterflies of Chile (Lepidoptera: Papilionoidea and Hesperioidea) including distribution, flight period and conservation status, Pt. 2: Subfamily Satyrinae (Nymphalidae), with descriptions of new taxa"[《智利蝴蝶新名录(鳞翅目:凤蝶总科和弄蝶总科),含物种分布、成虫发生期和保育现状,第二部分:蛱蝶科眼蝶亚科及新种描述》], *Boletín del Museo Nacional de Historia Natural*(《国家自然博物馆通报》) 65: 31-67。

国相比[1],这一数量可谓九牛一毛,而稀有蝴蝶只是其中的一小部分。不过,与其他昆虫相比,蝴蝶拥有一个难以比拟的优势:蝴蝶可以为我们清晰地展现出那些威胁生物多样性的因素,也可以清晰地勾画出开展保育工作的道路。[2] 我们对于蝴蝶的多样性、生态学、进化等方面的了解,要远超于其他昆虫,我们甚至清楚地知道它们的种群大小、分布范围,因此可以用定量数据来评估其稀有程度。[3]

想象这样一个情景,把所有稀有蝴蝶的成虫活体都圈到一起,捧在手心——假如你将全世界的阿里芷凤蝶[4]的成虫活体都捧在手里,它们加起来也不过 170 克。本书讲述的 5 种稀有蝴蝶全部加起来也仅有 1.5 千克——和大熊猫的一只前爪差不多重。与这些稀有蝴蝶极为不同的是,某些常见种类的种群数量却惊人的庞大,比如小红蛱蝶(*Vanessa cardui*)[5]和菜粉蝶(*Pieris rapae*)[6]。

---

① 关于各种估算昆虫多样性的方法,各种方法所估算出的物种数量,以及合一性估算的综述,参见 Stork, N. E. (2018),"How many insect species are there on earth?"(《地球上有多少种昆虫?》), *Annual Review of Entomology*(《昆虫学年评》) 63: 31 – 45。

② 亨利·贝茨(Henry Bates)写道:"自然法则对所有生物来说都是一样的,那么,我们从这类昆虫身上得出的结论也适用于整个生物界。因此,我们所研究的蝴蝶尽管十分轻微,但举足轻重。总有一天,它会成为生物学最重要的分支。"参见 Bates, H. W. (1863), *The Naturalist on the River Amazons*, vol. 2(《亚马逊河上的博物学家》) (London: Murray), p. 346。

③ 这些知识储备是 2 个世纪以来对于自然的深入研究和积累的成果,参见 Leach, W. (2013), *Butterfly People: An American Encounter with the Beauty of the World*(《观蝶人:美国公民与自然之美的邂逅》)(New York: Pantheon)。随着公民科学的实施,大量非科研人员在更大的地理范围里参与收集蝴蝶物种数据,参见 Pollard, E. & Yates, T. J. (1993), *Monitoring Butterflies for Ecology and Conservation: The British Butterfly Monitoring Scheme*(《蝴蝶监测的生态和保育意义:英国蝴蝶监测计划》) (London: Chapman & Hall)。同时,地方性的蝴蝶监测与研究也日渐兴起,参见 Taron, D. & Ries, L. (2015),"Butterfly monitoring for conservation"(《蝴蝶监测的保育意义》), in J. C. Daniels, *Butterfly Conservation in North America*(《北美蝴蝶保育》) (Dordrecht, Netherlands: Springer), pp. 35 – 57。

④ 为阿里芷凤蝶的北美亚种(ssp. *ponceanus*)。由威廉·绍斯(William Schaus)在 1911 年发现并命名,其英文俗名叫作 Schaus' Swallowtail。Swallowtail 是凤蝶的统称。——译者注

⑤ E. A. 麦格雷戈(E. A. MacGregor)曾估算过,加利福尼亚州内华达山脉下有 30 亿只小红蛱蝶。他的结论是基于 6.4 公里的样线调查数据和他观察小红蛱蝶的飞行速度得出的。参见 McGregor, E. A. (1924),"Painted lady butterfly (*Vanessa cardui*)"(《小红蛱蝶》), *Insect Pest Survey Bulletin*(《有害昆虫调查通报》) 4: 70。在过去的一二十年间,其他猜出这个数字的人也很可能是根据他的估算。

⑥ 我曾经就全球菜粉蝶数量这个问题请教了粉蝶项目(Pieris Project, www.pierisproject.org/)的负责人肖恩·瑞安。他认为,菜粉蝶是地球上个体数量最多的物种,能达到几十亿。他曾经尝试用 DNA 数据来估算菜粉蝶的种群大小,但他发现,它的种群实在是太大了,以至于他无法算出小范围内的值。

稀有蝴蝶并非一开始就稀少。有些种类仅仅是在近年才变得稀有的,种群数量从几百万飞速下降到几千。而其他一些稀有蝴蝶,由于不了解其历史种群的大小,难以知晓它们经历了什么,不过还是可以通过计算它们的历史分布范围去推断出曾经的种群大小。全球性的生境丧失与气候变化,把一些种类逼迫到狭小的区域里,有时如高尔夫球场般大,有时仅有足球场般大。我曾在一些极不寻常的地点发现过稀有蝴蝶,它们被困在了诸如射击场、海滩或后院这样的地方。①

我时常想,会不会有那么一天,我要亲眼看见这些蝴蝶中的某一种,从地球上消失。这些稀有蝴蝶飞翔在消逝的边缘,数量稀少到令人忧伤,我甚至担心森林的细微变化、湿地涨水、海平面波动都会使它们灭绝。它们的种群数量如此之小,而周遭的威胁又那么大,某天我遇到的如果是它们中的最后一员,也不足为奇。

我职业生涯的大部分时间,都投入遏制蝴蝶种群退化这一工作中,也在物种恢复的领域看到了一丝希望。在本书中,我会重现我自己和其他学者在世界稀有蝴蝶的生物学研究和保育工作中的经历。此外,我坚信,在未来的生物多样保育领域,稀有蝴蝶的地位,将与那些旗舰珍稀动物一样举足轻重。尽管在环境生物学和保育领域,稀有蝴蝶似乎与那些口口相传的珍稀动物相去甚远,且鲜有人知,但若用心细想,它们能赋予独特的视角,引导我们去研究全球生物多样性丧失和濒危物种保育这类热点问题。

蝴蝶与全球变化

稀有蝴蝶正遭受着广为人知的环境剧变的打击,比如生境丧

① 斑凯灰蝶的分布区已经从佛罗里达州的大部分地区缩小到几个小岛上,只剩下了约 0.4 公顷,参见 Saarinen, E. V. & Daniels, J. C. (2012), "Using museum specimens to assess historical distribution and genetic diversity in an endangered butterfly"(《利用馆藏标本评估濒危蝴蝶的历史分布范围和遗传多样性》), *Animal Biology*(《动物生物学》) 62: 337 - 350。

失、气候变化、环境毒物和生物入侵等。现实情况下，这些剧变常常交织在一起，给稀有蝴蝶的种群延续带来更大的灾难。我深信，稀有蝴蝶正和地球上其他精彩纷呈的物种一道面临着同样的生存考验。

即便在那些受保护的栖息地里，稀有蝴蝶的生境仍然面临着丧失的风险。明白这一点，是理解稀有蝴蝶为何稀少的关键。如童话人物金发姑娘[①]一样，稀有蝴蝶对其生境也十分挑剔，通常只生活在那些它们觉得"刚刚好"的地方。一些蝴蝶喜欢生活在有自然干扰的生境里，譬如林火就是一种自然干扰。太大的林火能轻而易举地摧毁整个种群，而林火太小会加速植被演替[②]，从而导致寄主植物（蝴蝶幼虫所吃的植物）死亡，进而导致整个生境消失。每当我们扑灭林火、排干湿地、整治滩涂的时候，不仅会打断了环境的自然干扰过程，还会破坏这些环境原有的精妙平衡。这样一来，环境就不再是蝴蝶所需要的"刚刚好"的状态了。这些暗藏在全球变化大背景下的隐患，蚕食着本已难以为继的蝴蝶种群。

对生境的极端挑剔，是稀有蝴蝶有别于其他蝴蝶的主要特点，而它们的生境也常常是人类活动较为频繁的区域。在一些情况下，人类的土地利用方式与蝴蝶的生境需求格格不入，比如一些蝴蝶十分倒霉地把家安在了大型城市或集约化农田[③]的旁边。在另一些情况下，人类活动也恰恰保护了稀有蝴蝶的种群，比如我们开篇提到的米氏环眼蝶，因为生活在人迹罕至的军事基地周边而得到了庇护。由此我们可以发现，人类活动和稀有蝴蝶的生存之间仍然存在着双赢的可能。

---

① 原著为"Goldilocks"，指童话故事《金发姑娘和三只熊》里的金发姑娘，因为她只喜欢不冷不热的粥，不软不硬的椅子，总之是"刚刚好"的东西，所以美国人常用这个词来形容事物"刚刚好"的状态。——译者注

② 植被生态学描述特定生境里主要植物群落随时间发生更迭现象的术语，指新的更高级的植物类群替代原有的较低级的植物类群的过程。——译者注

③ 原著为"large monocrop fields"，指大面积种植单一作物的农田，译者根据国内的常用提法将其译为"集约化农田"。——译者注

我寻找的范围

如何才能找到世界上“最稀有”的一种蝴蝶呢？和所有动植物的保育工作一样，在我着手做这件事时，很快就陷入了应该怎样定义稀有的纠结之中。世界上稀有蝴蝶的种类实在太多了，多到好几本书都囊括不下，更别说在我这一本书里了。稀有蝴蝶的种类数量还会随着全球变化的进程不断增加。因此，我只能把范围限定在我研究发现的更为稀有的那几种。我在后文里会谈到，在寻找稀有蝴蝶踪迹的过程中，我阅读了世界各地蝴蝶种群数量研究的大量文献。评估多种稀有蝴蝶的分布范围后，我竟发现，在美国境内找到的这几种蝴蝶的稀有性远超过世界上其他地方的蝴蝶。在一定程度上，这本书里提到的稀有蝴蝶还可以展现出我在北美追寻它们的旅程。对评价和界定本书中这些稀有蝴蝶的方法，尽管时有争议，但我为它们提出的保育对策无可质疑。

通过充分收集、利用蝴蝶名录，我锁定了那些公认的具有保育价值的蝴蝶，确定了寻找稀有蝴蝶的方向。随着蝴蝶及其稀有性的关注度提升，政治进程也逐渐向着有利于蝴蝶保护的方向演进。回溯蝴蝶保育的历史发展过程时，我清楚地意识到了 1973 年颁布的《美国濒危物种法案》（*the US Endangered Species Act*）[①]是一个分水岭—— 1976 年，第一种蝴蝶出现在了这个法案的名录里。名录里的物种只分为两类，即“濒危的”（濒临灭绝的危险）和“受威胁的”（有成为濒危物种的可能）。[②]

在《美国濒危物种法案》颁布的同时期，世界自然保护联盟

---

① 该法案也反映出美国蝴蝶亚种的多样性（相对于物种数而言），参见 Pelham, J. P. (2018), “A Catalogue of Butterflies of the United States and Canada“（《美国和加拿大蝴蝶名录》）。

② 受威胁物种和濒危物种在管理上的主要区别在于，受威胁物种更灵活，允许减少或扩大保护范围，而且在州一级的自然资源管理上也更灵活，尤其是对于“带走”（用于处死、伤害、诱捕或移动物种的术语）的态度。

(International Union for Conservation of Nature,缩写为 IUCN)[1]开始编写一份至关重要的名录——《世界濒危物种红色名录》[2],里面收录了那些已经从地球上消失了的和正在受到威胁的物种。1983 年,IUCN 开始了对蝴蝶的保育状态的记录工作。该红色名录采用了种群规模、分布范围和历史变迁等因素来"量化"一个物种的脆弱性,这一特点让我备感兴趣。同样是在 1976 年,为保障《濒危物种国际贸易公约》(*Convention on International Trade in Endangered Species*,缩写为 CITES)[3]的顺利实施,另一份包括稀有蝴蝶的物种名录也开始编撰,这份名录主要聚焦于那些易被跨境贩卖的物种,其中颇具标志性的物种,有老虎和犀牛,以及它们的皮毛、骨头或角。尽管蝴蝶在该名录中所占的比重不大,但《濒危物种国际贸易公约》还是收录了那些饱受蝴蝶收藏家们觊觎的种类。

同时,我也借鉴了各种长期积累下来的蝴蝶种群观测成果,尤其是那些覆盖了数个州或整个国家的观测项目的数据。有迄今全球历史最悠久、记录最细致的英国蝴蝶观测计划(United Kingdom Butterfly Monitoring Scheme,缩写为 UKBMS)[4]。也有南非详尽的长时序的蝴蝶多样性观测记录,以及北美蝴蝶协会(North American Butterfly Association,缩写为 NABA)[5]每年的蝴蝶计数。即便我竭尽所能地参考了这些资料,我仍深信还有一些稀有蝴蝶尚待我去发现,但那已超出了本书的范围。

我利用上述资料甄选了世上的稀有蝴蝶,其间我也常深思何谓

---

① 1948 年成立于法国枫丹白露(Fontainebleau),现今总部在瑞士格朗(Gland)。它是迄今全球规模最大、历史最悠久的非营利性环保机构,同时也是自然环境保护与可持续发展领域唯一作为联合国大会永久观察员的国际组织。——译者注

② IUCN (2018), IUCN Red List of Threatened Species(IUCN 受威胁物种红色名录),version 2018 – 1, http://www.iucnredlist.org。

③《濒危野生动植物种国际贸易公约》(*Convention on International Trade in Endangered Species of Wild Fauna and Flora*),www.cites.org/eng。另,《濒危物种国际贸易公约》即《华盛顿公约》。CITES 是一个政府间国际公约,旨在保证国际贸易不威胁野生动植物物种的生存。该公约于 1975 年 7 月 1 日正式生效,目前有 183 个缔约方。中国于 1981 年加入该公约。——译者注

④ 英国蝴蝶观测计划,见 www.ukbms.org。

⑤ 北美蝴蝶协会,见 www.naba.org。

稀有。[1] 稀有蝴蝶应是那些现存种群数量最小的种类吗？广为接受的科学理论与实地观察都明确了生物学与遗传学因素会导致种群数量的减少。那稀有蝴蝶应该是那些在全世界分布范围只剩下偏远地区的几十公顷的种类？狭窄的分布范围也常常将稀有蝴蝶置于衰退的危险之中。无论是生境向城镇或农田转化的长期变化，还是遭遇干旱等事件的短期变化，都将极大地改变这些蝴蝶的分布。或许，稀有蝴蝶应当是那些种群数量经历过急剧减少的种类。有些稀有蝴蝶曾经遍布半个省或州的面积，最近却变得十分少见了。在一些案例中，科学家们忽视了这一过程，直到那些蝴蝶走向消亡了才意识到事情的严重性。此外，我需要考虑某种蝴蝶在所有蝶类乃至整个生物界里的进化地位吗？因为那些进化史上的特立支系可能蕴藏着更大的遗传多样性和进化潜能。

既然大家对稀有的标准莫衷一是，我在本书里就把物种的现存个体数量作为判定标准。这个标准十分直观，也最能反映出物种保育所面临的挑战。在我展开前，我希望能够找到一个报道蝴蝶种群数量及其稀有性的研究案例。事实上，科学家们有很多种估算蝴蝶种群数量的方法。比如，在估算北美东部君主斑蝶（*Danaus plexippus*）的种群数量时，他们在墨西哥的一处越冬场所里清点栖息在几棵树上的君主斑蝶的数量，进而统计出那几公顷越冬场所里的种群数量。又比如，有科学家先捕获了所有的雌性阿里芷凤蝶（这就有了一个数量指标），让它们在实验室里繁衍后代，然后把得到的后代（这是另一个数量指标）释放回野外，从而获得阿里芷凤蝶的种群数量。写这本书的乐趣之一，就是我能把前人用不同方法得到的研究数据抽取出来进行比较。

---

① 有关植物稀有性分类的一般原则，参见 Rabinowitz, D.（1981），"Seven forms of rarity"（《稀有性的七种表现形式》），in Synge, H. ed., *The Biological Aspects of Rare Plant Conservation*（《稀有植物保育中的生物学》）（Somerset, NJ: John Wiley & Sons），pp. 205 – 217。

这本书讲了8种[①]稀有蝴蝶的故事，分在不同的章节：第一部分讲述6种稀有蝴蝶，从最普通的艾地堇蛱蝶到最稀有的阿里芷凤蝶；第二部分讲述1种已经灭绝的蝴蝶和1种目前仍十分常见的蝴蝶。图1.1A展示了这8种蝴蝶种群数量之间的悬殊。对于某种蝴蝶而言，不一定所有的个体都生活在同一个地方。在保育生物学家看来，一个种群是由处于同一时空并能彼此交流的个体构成的，同时，一个种群与其他种群在地理空间上是分开的。[②] 一般来说，某种蝴蝶的总个体数量的多少与其种群数量的多少是呈正比的。例如，伊卡爱灰蝶（*Icaricia icarioides*）[③]的种群数量和个体数量都要比阿里

图1.1A　本书中8种蝴蝶在全球的个体数量，详见各章解说；尼尔·麦科伊绘制

① 原著为"eight species and subspecies"，是由于这8种蝴蝶中有些是分布于北美的亚种，而其他北美以外的亚种或许没有这么稀有，但其对应8个物种是没有争议的。为便于读者理解，译者将其译为了"8种"。——译者注

② 简明摘要请见Soule, M. E. & Mills, L. S. (1998), "No need to isolate genetics"(《不可不顾的遗传学》), *Science*(《科学》) 282: 1658 - 1659。

③ 为伊卡爱灰蝶的俄勒冈亚种（ssp. *fenderi*），由拉尔夫·梅西（Ralph Macy）在1931年发现并命名。亚种名来源于命名人的好友肯尼斯·芬德（Kenneth Fender）的姓氏，故其英文俗名叫作Fender's Blue。在西方，很多蓝色的灰蝶都用blue来取名。——译者注

芷凤蝶高,而艾地堇蛱蝶和北美东部君主斑蝶的情况则大有不同,它们虽然是本书中种群数量最大的种类,但仅仅分布于一个地方(图 1.1B)。我在这里分析的 8 种蝴蝶的种群数量最少的只有 1 个,最多的达到 36 个,同时我的搜查也证实了有些蝴蝶的种群数量尽管不多,但相对于其他种类而言也不算贫乏。

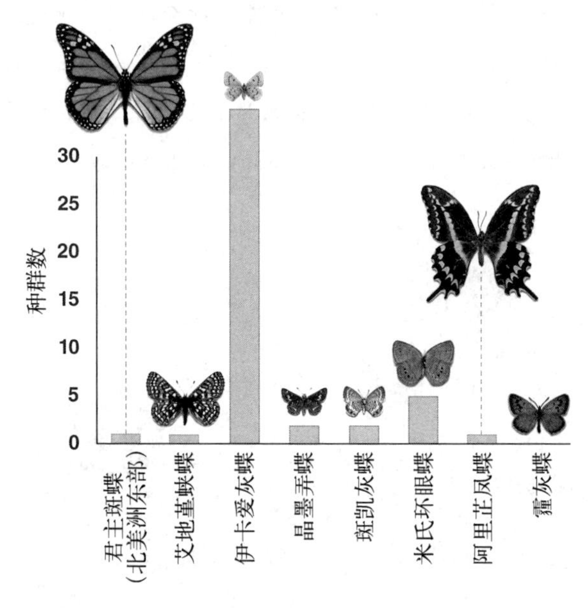

图 1.1B　本书中 8 种蝴蝶在全球的种群或集合中群数量,详见各章解说;尼尔·麦科伊绘制

蝴蝶的一生

蝴蝶的一生从卵到成虫要经历数个不同的阶段。幼虫(即我们常说的毛毛虫)的生长发育大致有 5 个阶段,我们把每个阶段称为一个龄期。每当幼虫的身体生长到它的皮肤(外骨骼)容纳不下时,它将经历一次蜕皮,然后进入下一个龄期。幼虫生长到达最后一个龄期时,它最后一次蜕皮并形成一个坚硬的外壳,

里面包裹着幼虫的休眠体,我们称之为蛹。蛹在经历变态发育后就成为蝴蝶的成虫。

在一年之中,蝴蝶可以繁殖一代到多代。它们会用休眠(滞育)的方式来抵御不良环境可能产生的伤害,如冬季的严寒。不同的物种滞育的阶段不同,而且它们在每一个生命阶段所经历的时间也大不一样。例如,同样是成虫,越冬时期的君主斑蝶的寿命能长达6个月,而米氏环眼蝶则只能生存4天。

关于亚种

从科学的意义上讲,本书所讲述的多数蝴蝶都被划分为亚种而非单纯的种。“物种”的一个定义是,它所包含的个体只能彼此间繁衍后代,不能和另一个物种的个体繁衍后代。“亚种”的定义却是,同一个物种的不同群体在地理上彼此隔离(比如被远距离或者山脉分隔),因而没有机会相遇和繁衍后代。区别于物种的是,不同亚种的个体如果被人为放到一起,它们仍能够繁衍后代。但由于受到了显著的地理隔离,不同亚种的个体在体色、斑纹,乃至行为上都可能彼此不同。[①]

我在北卡研究的米氏环眼蝶曾在亚种鉴别上有不少困难。乍看起来,它和指名亚种(*Neonympha mitchellii mitchellii*)[②]区别不大。米氏环眼蝶的指名亚种最近才被证实仅分布于密歇根,此前人们在

① 关于亚种界定及其与物种的关系,参见 Haig, S. M., Beever, E. A., Chambers, S. M., et al. (2006),“Taxonomic considerations in listing subspecies under the US Endangered Species Act”(《将亚种纳入〈美国濒危物种法案〉的分类学思考》),*Conservation Biology*(《保育生物学》)20: 1584-1594。

② 指名亚种是一个分类学术语,当一个物种最初发表时,它不具备任何亚种。当后续研究描述了该种的其他亚种时,最初发表的那个就成为指名亚种,意为指定该种名的亚种。部分文献也将其称作承名亚种或原名亚种。——译者注

亚拉巴马、密西西比和弗吉尼亚也发现过一些很小的种群。当时，在北卡发现米氏环眼蝶的学者根据其偏远的分布范围和微妙的形态差异将其命名为一个新的亚种。这样的划分是否经得住其他标准的检验呢？为了了解更多，我和一位名叫克里斯·哈姆（Chris Hamm）的研究生一起研究这个问题，他采集了一些样本来检测二者之间的亲缘关系。克里斯用6个DNA片断做了遗传分析，发现这2个种群确实不同，分布于北卡的这个亚种很可能是一个独立的物种。[①]

我在自己的研究中一直使用着亚种的概念，是因为这在保育工作中有很大的现实意义，主要体现在如下四个方面。首先，亚种比单纯的物种更能反映地球上生物的多样化程度；第二，特定区域的某个亚种的衰退往往暗示着大环境的退化；第三，亚种在其特定的生态系统中发挥着不可替代的作用；第四，任何一个亚种都可以在其他亚种遭遇灭绝的时候作为候补资源被引进到当地。

我们来看一个例子。分布于英国的霾灰蝶英伦亚种（*Maculinea arion eutyphron*）[②]，在科学家们还来不及保护它之前就灭绝了。然而，随着知识的更新，人们从瑞典引入了霾灰蝶指名亚种（*Maculinea arion arion*）[③]，并使其在英国成功地安了家。尽管我们失去了英伦亚种及其所承载着的遗传多样性，引入的种群也无法弥补这一遗憾，然而来自瑞典的指名亚种最大程度地填补了英伦亚种的生态学功能。特定亚种的保育价值及其与当地生态系统的关联，正是我将亚种作为主要研究对象的原因。在此需要说明一点，本书中无论是提及单纯的物种还是特定的亚种，为了行文方便，我只

---

① 关于克里斯·哈姆对米氏环眼蝶遗传学研究的详细方法和结果，参见 Hamm, C. A., Rademacher, V., Landis, D. A. & Williams, B. L. (2013), "Conservation genetics and the implication for recovery of the endangered Mitchell's Satyr butterfly, *Neonympha mitchellii mitchellii*"（《濒危的米氏环眼蝶的遗传学特征及其对种群恢复的指导意义》），*Journal of Heredity*（《遗传学杂志》）105：19－27。

② 原著英文俗名为 British Large Blue。——译者注

③ 原著英文俗名为 Large Blue。——译者注

使用“物种”指代。[①]

是脆弱，还是顽强？

尽管稀有蝴蝶面临着各种生存威胁，昆虫家族的生命力却十分顽强。这就引发了自然保育领域的一个关键问题：自然界在环境变化面前脆弱吗？有人认为自然界并不脆弱，他们的论据是当环境遭到破坏，失去原有的动植物类群后，一些大型动物仍能在该生态系统中恢复。而另一些人则认为自然界是脆弱的，他们的论据是与日俱增的物种灭绝和生态系统退化。[②] 稀有蝴蝶的存在恰恰为我们辨析这种二元观点提供了独特的视角。

蝴蝶纤小轻盈的体态看起来十分脆弱。我常用的重要研究工具是捕虫网，我会用网扫动植物来惊起蝴蝶，也会用网捕捉一些蝴蝶——有时是在它们的翅膀上做标记来追踪它们的种群变化，有时是收集雌蝶用来人工繁育，有时则是为了从翅膀上取样来做遗传分析。当我很小心地捕捉和拿取它们时，我发现我捕到的个体大多能保持完好。但如果我操作不当，我就很可能抹掉它们的鳞片或弄折翅膀。这从一个侧面反映出自然环境的脆弱性，对它们的生存构成直接的威胁。稀有蝴蝶的种群一直在减少，每一种都正在我们眼皮底下慢慢消失。

与此同时，在自己的科研和保育工作中，我也被一些顽强迹象深深打动，种群能被恢复并再次繁盛是最令我激动的事情。很多稀

---

① 关于将亚种概念用于蝴蝶是否有用以及应用一致性的讨论，参见 Braby, M. F., Eastwood, R. & Murray, N. (2012), “The subspecies concept in butterflies: Has its application in taxonomy and conservation biology outlived its usefulness?”(《蝴蝶中的亚种概念：它在分类学和保护生物学中的应用是否已经过时了？》), *Biological Journal of the Linnean Society*(《林奈学会生物学报》) 106: 699–716。

② 关于脊椎动物灭绝的汇编，参见 Ceballos, G., Ehrlich, P. R., Barnosky, A. D., et al. (2015), “Accelerated modern human-induced species losses: Entering the sixth mass extinction”(《现代人为干扰引发的物种灭绝：第六次生物大灭绝时代的到来》), *Science Advances* (《科学进展》) 1 (5): e1400253。

有蝴蝶在非自然环境中依然生生不息,就是一种顽强。在这本书的各章里我们会反复提到一点,就是人类活动有时替代了自然界的干扰(如林火),由于各种原因,某些原有的干扰在蝴蝶的生境里已经减少或者消失了。

在稀有蝴蝶身上,脆弱和顽强并非二元对立的存在。19 世纪有一位名叫威廉·亨利·爱德华兹(William Henry Edwards)的鳞翅学家[①],他的经历令我十分着迷。爱德华兹的家在弗吉尼亚西部的康纳华河畔,他家附近的一处湿地里本来有一群格斑堇蛱蝶(*Euphydryas phaeton*)。[②] 当地的煤矿公司为了提高河道的运力,就把河道改造得更宽更深,还修建了一些船闸和堤坝,这样一来,沿岸的大片区域都被淹没了。这些工程几乎导致了那个格斑堇蛱蝶种群的绝迹。怀着恢复格斑堇蛱蝶种群的迫切愿望,爱德华兹耐心地等到河水退下,然后把从幼虫饲养出来的成虫放归到河边,之后这一种群又繁盛起来了。

在我看来,稀有蝴蝶充分地体现着现代保育工作中希望与失望的二元思想。在保育的前线,种群衰退的稀有蝴蝶比比皆是,令人倍感绝望。然而,作为一名保育生物学家,我对人与自然终能和谐发展保持着乐观并抱有希望。稀有蝴蝶的确让我认识到了人类对环境造成的伤害,但我的研究也指引我找到了疗愈这些伤害的方法。

即便它们是顽强的,稀有蝴蝶的种群并不会很快得到恢复。每每看到政客或多疑的保育学者抱怨为了保护某种蝴蝶立了法,投了钱又耗了时,五年十年还不见效的时候,我就感到十分恼火。稀有蝴蝶可是历经了经年累月的衰退才落得今天濒临灭绝的地步,要看

---

① 鳞翅学家,是收集和研究蝴蝶与飞蛾的人,蝴蝶与飞蛾同属于鳞翅目昆虫。——译者注

② 塞缪尔·斯卡德(Samuel Scudder)讲述格斑堇蛱蝶的故事,参见 Scudder, S. H. (1889), *The Butterflies of the Eastern United States and Canada: With Special Reference to New England*(《美国东部和加拿大的蝴蝶:关于新英格兰省的特别记述》) vol. 1 (Cambridge, MA: printed by author)。

到它们的种群恢复起来不也得花掉差不多的时间吗？我研究并阐释它们的生物学特征，就是为了更好地了解稀有蝴蝶本身以及它们的生态系统，以备为恢复它们的种群做点什么。我在这里深思自然界是否脆弱的原因，是由于这个问题暗含着稀有蝴蝶是如何衰退并如何恢复的答案。

遏止灭绝

我开展研究最基本的目的，是把那些稀有蝴蝶从灭绝的边缘拯救回来。衡量环境变化对蝴蝶影响的指标，尽管远不止灭绝一项，但某种蝴蝶一旦灭绝了，一切保育措施对它就没有用了，人类就又一次破坏了生物多样性。在我讲述每一种稀有蝴蝶的时候，我也会附带谈到科学家们从尝试挽救它们的过程中得到的经验。尽管如此，对地球上的每一种稀有蝴蝶来说，灭绝仍然是近在咫尺的事。

众所周知，蝴蝶里只灭绝了 3 个物种和 10 多个亚种。这个比较低的数字一方面可能是由于蝴蝶经受住了环境变化的考验，另一方面更可能是一些蝴蝶即便灭绝了都没有被人们察觉。其中的一个典型就是加利福尼亚甜灰蝶（*Glaucopsyche xerces*）[①]。它原本生活的沙丘生境变成了今天旧金山市的日落区。19 世纪 40 年代开始的淘金热令旧金山人满为患，到 1875 年的时候，生物学家就意识到了这一种群在衰退。赫尔曼·贝尔（Herman Behr）是当时加州科学院昆虫标本馆的负责人，他曾写道："曾经发现它的生境现已房屋成片，在成群的鸡和猪之间，除了虱子和跳蚤，什么虫子都没有。"[②] 1941 年，加利福尼亚甜灰蝶灭绝了。

现在我们只能在标本馆里看见加利福尼亚甜灰蝶了。为了找

---

① 原著英文俗名为 Xerces Blue。——译者注

② 赫尔曼·贝尔的书信被收藏在芝加哥菲尔德博物馆（Chicago Field Museum），有关它的描述，参见 Pyle, R. M. (2000), "Resurrection ecology: Bring back the Xerces Blue!"（《生态抢救：拯救加利福尼亚甜灰蝶！》），*Wild Earth*（《野性地球》）10 (3): 30 – 34。

它，我去了趟盖恩斯维尔，拜访了佛罗里达大学麦圭尔鳞翅目和生物多样性中心（McGuire Center for Lepidoptera and Biodiversity）。标本管理员安迪·沃伦给我看了一个标本。当他抬出一个装有100多只标本的盒子的时候，我忍不住吸了一口气。这些标本都是大约75年前采集的，至少在一些人的记忆里，这种蝴蝶在那时根本不算稀有。

科学家推测还有2种蝴蝶也已经灭绝了，它们都曾生活在南非。黛灰蝶（*Deloneura immaculata*）[1]仅有3笔采集记录，都是19世纪中叶在好望角东部采到的。轻美鳞灰蝶（*Lepidochrysops hypopolia*）[2]同样也只有3笔采集记录，在19世纪70年代，有2处采集地。从那以后，就没人再见过它们了。

我在这本书里专门用一章来写一个已经灭绝的灰蝶亚种——霾灰蝶英伦亚种。[3] 从19世纪开始，它的种群数量持续下降了100多年。就在科学家弄清楚它的生物学特性并知道该如何保护它的时候，它却灭绝了。这种蝴蝶的故事诠释了阐明特定蝴蝶的生物学特性对于保育工作的重要意义。我设这一章的目的，不仅想描述这些教训本身，也想指出当今稀有蝴蝶保育研究中亟待解决的问题。

不止于稀有蝴蝶

在寻找稀有蝴蝶的历程里，有三个问题一直萦绕在我的脑海：第一，对于每一种稀有蝴蝶，我们能为它们做些什么来扭转现在的局面并防止它们灭绝？第二，退一步看，我们从这些蝴蝶身上得到

---

① 原著英文俗名为 Mbashe River Buff。——译者注

② 原著英文俗名为 Morant's Blue。——译者注

③ 对霾灰蝶从衰退走向灭绝（恢复前）最好的总结，参见 Thomas, J.（1980），"Why did the Large Blues become extinct in Britain?"（《霾灰蝶为何在英国灭绝了？》），*Oryx*（《羚羊》）15：243－247。

的经验教训是否能够用于改变其他的蝴蝶乃至其他动植物的命运？第三，也是最核心的问题，我们真的有必要拯救这些稀有蝴蝶吗？还是我们应该将精力用到其他方面？

我意识到，稀有蝴蝶不仅和全球环境变化息息相关，在普遍的意义上更能反映出当代生物多样性保育领域所面临的挑战。整本书，我都在尽力阐释这些蝴蝶的价值，以及失去它们的代价。就观察结果，我沿着生物学—全球变化—保护这一脉络将其串接起来，由此对于地球上生命的多样性及其保护需求，我有了更深入的认识。

虽然我的关注点主要在稀有蝴蝶上，但那些目前还十分常见的蝴蝶也有种群数量骤减之虞。鉴于此，我在本书里也专门为君主斑蝶写了一章。和稀有蝴蝶一样，遭受着同样的环境胁迫，它也将变得越来越少。

我承认，在这本书里写君主斑蝶有些牵强。本书的读者没有不知道君主斑蝶的，甚至多数人习得的关于蝴蝶的生物学常识也都来自它。有一次，在我做了有关稀有蝴蝶的报告之后，有人问为什么这些蝴蝶不能像君主斑蝶一样生活？还有一次，当我讲了一个稀有蝴蝶生境被毁的案例后，一位学生问我："为什么稀有蝴蝶不迁飞到更好的生境，从而逃离危险呢？"无论是具有迁飞的能力还是其他方面，君主斑蝶都十分特殊，所以它很难为其他物种提供借鉴。相反，很多稀有蝴蝶都鲜为人知。尽管如此，君主斑蝶的种群数量也在持续下降。科学家们正在竭尽所能地探寻原因，希望可以阻止君主斑蝶变得稀有。或许在未来的某一天，我们从恢复稀有蝴蝶种群中得到的知识也能对常见蝴蝶的保育有所贡献。

比起本书中那些稀有蝴蝶的将来，那个"最后的蝴蝶"的想法显得有点杞人忧天——至少我曾经觉得是这样。但我在读完斯坦福大学鲁道夫·德佐教授和他的同行写的一篇重要论文后，我的想法就改变了。这篇论文回溯了长达半个世纪以来的昆虫数量变化，发现蝴蝶和飞蛾的数量已经下降了三分之一(图1.2)。[①] 这里的蝴蝶囊括了常见的和稀有的种类。照这个速度发展下去,最后的蝴蝶的离去也不过是几十年以后的事情。[②] 显然,这个趋势并不会真的持续到全部蝴蝶都灭绝掉,但它道出了稀有和常见蝴蝶都在同时减少的真相。这篇论文因为谈到蝴蝶而吸引了我的视线。我细究论文中的图表后,惊讶地发现其他昆虫的数量减少得比蝴蝶还要快。我研究的这几个蝴蝶物种竟能有如此深远的历史背景,以至于我怀疑这个分析所包含的鳞翅目物种比其他所有昆虫的总和还多。蝴蝶与其他昆虫之间的数量变化相关性显示,蝴蝶更加适合作为侦测生物多样性下降的通用指标。更多的类似研究还表明,稀有蝴蝶的减

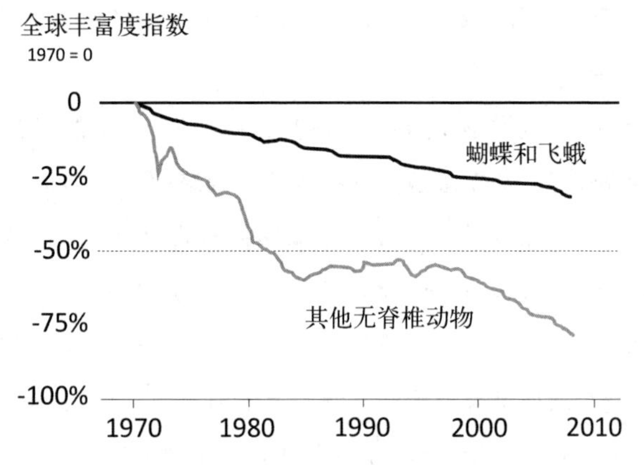

图1.2 1970年至今全球无脊椎动物的丰富度变化趋势;经作者许可,由尼尔·麦科伊改自鲁道夫·德佐在2014年的论文插图(*Science*, 345: 401-406)

① 除了图1.2中所提供的信息,这篇重要的综述还回顾了多项研究的结果,它们均表明,全球三分之一的稀有蝴蝶正在减少,而人为干扰是造成蝴蝶数量多样性下降的重要原因,参见 Dirzo, R., Young, H.S., Galetti, M., et al. (2014), "Defaunation in the Anthropocene"(《人类世的动物灭绝》), *Science* (《科学》) 345: 401-406。

② 关于全世界蝴蝶所面临的威胁,包括栖息地丧失和生境破碎带来的影响,参见 Thomas, J. A. (2016), "Butterfly community under threat"(《受威胁的蝴蝶类群》), *Science* (《科学》) 353: 216-218。

少是生物多样性丧失最灵敏的响应指标。[①]

本书里所涉的稀有蝴蝶的数量,早在1970年(即德佐教授研究的时间起点)就已经跌破了图1.2的最低点了,这个最低点标志着近三成的蝴蝶和近八成的其他昆虫的衰退。既然情况已经如此窘迫,我们还能做些什么呢?在本书的其他章节里,我都会针对每一种稀有蝴蝶的具体情况回答这个问题,并着重讲解科研和保育领域的前沿进展。希望这些答案能缓和或扭转现在的局面,并最终用于挽救其他昆虫。

---

① 这一发现也得到了其他研究的支持。德国的一份报告显示,在过去27年间,昆虫的生物量丧失了75%;参见 Hallmann, C, A., Sorg, M., Jongejans, E., et al. (2017), "More than 75 percent decline over 27 years in total flying insect biomass in protected areas"(《过去27年保护地中的有翅类昆虫生物量下降了75%》),*PloS ONE*(《公共科学图书馆期刊》) 12: e0185809。另一项来自波多黎各洛基罗国家森林公园(Loquillo National Forest)的研究则表明,1976年至2013年间,昆虫的丰富度已下降至原有的25%或更低,参见 Lister, B. C. & Garcia, A. (2018), "Climate-driven declines in arthropod abundance restructure a rainforest food web"(《气候驱动的节肢动物种群衰退重塑了热带雨林食物网》),*Proceedings of the National Academy of Sciences*(《美国国家科学院院刊》) 115 (44): E10397 – E10406, doi. org/10. 1073/pnas. 1722477115。另,"最灵敏"一词原著里为"canaries in coal mine",字面意思是煤矿里的金丝雀,来自采矿业的"金丝雀现象"。17世纪的英国矿工发现,金丝雀对瓦斯气体十分敏感。极微量的瓦斯就能使金丝雀停止鸣叫,若瓦斯浓度继续升高,金丝雀就会很快死亡。因此,在当时简陋的作业条件下,矿工每次下井都会带上一只金丝雀当作瓦斯探测器,以便在危险来临时及时撤离。根据这一典故,译者取"最灵敏"之意。——译者注

第一部分

稀有蝴蝶

艾地堇蛱蝶

我上大学时曾住在旧金山湾区,但那时我丝毫没有意识到,那里是全世界稀有蝴蝶最集中的地方。旧金山南部,在面积大约810公顷的圣布鲁诺山州立公园里,你可以同时发现伊卡爱灰蝶、摩氏卡灰蝶(*Callophrys mossii*)①和丽斑豹蛱蝶(*Speyeria callippe*)②。分布在这里的稀有蝴蝶有:北部的北美红珠灰蝶(*Lycaeides idas*)③和泽斑豹蛱蝶(*Speyeria zerene*)的2个亚种④,南部的艾地堇蛱蝶和东部的花蚬蝶(*Apodemia mormo*)⑤。在旧金山方圆约100公里的范围里,共有8种被美国鱼类及野生动植物管理局列入濒危物种名录的蝴蝶。在全美26种濒危蝴蝶中,有近三成的种类都生活在这里。

艾地堇蛱蝶是湾区的稀有蝴蝶之一,它的翅展不到6厘米,黑色的翅膀上镶嵌着一列列橙色、白色或黄色的斑点(彩版图2,上左

---

① 为摩氏卡灰蝶的旧金山亚种(ssp. *bayensis*)。亚种名同样来自旧金山湾区。——译者注

② 为丽斑豹蛱蝶的指名亚种。——译者注

③ 原著为北美红珠灰蝶洛蒂亚种(*Lycaeides idas lotis*),新近文献将其分为安娜豆灰蝶洛蒂亚种(*Plebejus anna lotis*)。——译者注

④ 原著里单独列出了2个亚种,分别为门诺西诺亚种(ssp. *behrensii*)和圣马特奥亚种(ssp. *myrtleae*)。——译者注

⑤ 为花蚬蝶的兰氏亚种(ssp. *langei*)。——译者注

图)。艾地堇蛱蝶是全世界研究得最多的稀有蝴蝶(另一种是霾灰蝶)。斯坦福大学的保罗·埃利希教授以这种蝴蝶为例,做了生态学领域最经典的种群生物学研究。[①] 他的开创性工作引领着现代空间生态学和保育生物学的发展,基于这些学科的理论体系制定的保育原则,对那些因人类活动而遭受景观破碎化影响的种群大有帮助。保罗和他的团队一直在研究艾地堇蛱蝶,并有很多新发现,这些发现又促进了这种蝴蝶的保育工作。[②]

还在读本科的时候,我就进入保罗的实验室工作了,但那时并没有研究蝴蝶。大一和大二,我的工程学和经济学两门课都挂了,我才决定踏上保育生物学这条路。然而,除了知道要出野外,我完全不知道自己要干什么。第一次科研之旅,我去了斯坦福大学的贾斯珀山保护区。在那里,我曾信步走过一片开阔的、绿草茵茵的山坡。现在回想起来,那次科研之旅就已经把我带到了艾地堇蛱蝶的身边。

1990 年,在我给保罗的研究生汤姆·西斯克(Tom Sisk,现为北亚利桑那大学的教授)当助手的时候,我又去了那片保护区。我此行的主要目的,是研究加利福尼亚山麓橡树林、灌木丛和草地里的鸟类分布模式。就在我走过那个山坡时,我遇见了另一位在做野外调查的学生。几个月后,我才知道那位学生在研究艾地堇蛱蝶。不可思议的是,我当时途经的 3 个地点竟都是这种蝴蝶曾经生活的地方。遗憾的是,其中 1 个种群已经消失了,而另外 2 个种群也已经开始衰退。到 1998 年的时候,艾地堇蛱蝶就在贾斯珀山绝迹了(我

---

① 埃利希在他发表的第一篇关于艾地堇蛱蝶论文里就已经指出了空间结构对其种群动态的重要意义,参见 Ehrlich, P. R. (1961),"Intrinsic barrier to dispersing in checkerspot butterfly"(《堇蛱蝶种群扩散的障碍》), *Science*(《科学》)134: 108 – 109。本文所提出的概念早于集合种群概念产生的时间。更多信息请参阅 Ehrlich, P. R. & Hanski, I. eds. (2004), *On the Wings of Checkerspots: A Model System for Population Biology*(《在堇蛱蝶的翅膀上:现代种群生态学模型》)(Oxford: Oxford University Press)。

② 总结性概要参见 Hanski, I., Ehrlich, P. R., Nieminen, M., et al. (2004),"Checkerspots and conservation biology"(《堇蛱蝶的保育生物学》), in Ehrlich, P. R. & Hanski, I. eds., *On the Wings of Checkerspots*(《在堇蛱蝶的翅膀上》), pp. 264 – 287。

用绝迹来区分某地种群的消失和整个物种或亚种的灭绝)。

两百年的衰退史

贾斯珀山的艾地堇蛱蝶种群并非第一个绝迹的。在过去的几十年中,附近的其他种群也一直在消失。在旧金山开始飞速发展之前,导致艾地堇蛱蝶和其他蝴蝶变少的环境问题就已经出现了。据我们所知,艾地堇蛱蝶曾经生活过的大片区域并没有变成城市或农田。它的生境并非因为开发而遭到破坏。相反,湾区的人口激增带来了始料未及的环境变化。正是这个持续了 2 个世纪的过程,导致了艾地堇蛱蝶的衰退。

西班牙定居者的到来,标志着这一变化的开始。1776 年,他们在旧金山建立了永久定居点,移民队伍也逐渐壮大起来。1824 年,他们开始实行土地所有权的分包制度,引发了土地用途的巨大变化,畜牧业也随之兴起。到 19 世纪 30 年代,在湾区牧场里的牛、马和羊加起来就已经有 10 万多头。畜牧业改变景观的方式有两种。第一,这些牲畜大量啃食和践踏当地的原生植物,使它们的数量急剧减少。第二,为发展畜牧业种植的牧草,导致了生物入侵,逐渐取代了当地原有的植物。①

生物入侵导致的迅猛变化,为后来栖息地的退化埋下了伏笔。艾地堇蛱蝶生活的环境是草地,主要分布在湾区的丘陵地带。乍看起来,它应该有足够的栖息地。然而并非所有草地都一样。加州的原生草本植物,包括艾地堇蛱蝶的寄主,都逐渐被多花黑麦草(*Lolium multiflorum*)、野燕麦(*Avena fatua*)和毛雀麦(*Bromus hordeaceus*)等牧草所取代。这些牧草生长快、结籽多、易存活,很容

---

① 有关过去两个半世纪人们如何改造旧金山湾区环境的详细历史,参见 Booker, M. M. (2013), *Down by the Bay: San Francisco's History between the Tides*(《在海湾边:旧金山的移民浪潮和发展史》)(Berkeley: University of California);具体内容也可参见本书“两百年的衰退史”“发现和寻踪”两部分。

易取代原生植物。现在,艾地堇蛱蝶的寄主已经被牧草逼到湾区的几个角落里了。

19 世纪四五十年代,淘金热加剧了旧金山湾区的环境退化,一些艾地堇蛱蝶的栖息地上建起了房屋。更重要的是,艾地堇蛱蝶所剩无几的生境随着漫长的城市扩张也微妙地变化着,并最终造成了它的衰退。

发现和寻踪

到 20 世纪初,艾地堇蛱蝶的大部分栖息地都被入侵植物占领了,这些蝴蝶便只能在破碎化的小生境里苟延残喘。1933 年,太平洋海岸生物研究所的罗伯特·斯特尼茨基发现了它(此前一直不为人知)。[1] 这些蝴蝶只生活在几个还没有外来植物的狭小生境里。艾地堇蛱蝶所生活的草地,生长在湾区的一种特殊土壤之上(彩版图 2,下图)。这种土壤是由蛇纹岩[2]形成的,蛇纹岩接近表土层,有点偏绿色,手感滑滑的。这种土壤的养分构成十分特殊,它不仅含有一些重要的营养元素(如氮和钙),还含有一些可能有害的元素(如镁和镍)。此外,这种土壤的保水性能不太好,干得快。这种特殊的环境造就了特殊的植物群落。人类活动会改变土壤的养分构成,而艾地堇蛱蝶对此十分敏感。我将在后面专门解释土壤养分在保育工作中的意义。

多数情况下,艾地堇蛱蝶会在矮车前草(*Plantago erecta*)上产卵。这是一种主要生长在蛇纹岩土壤上、高约 30 厘米的小型草本

---

① 斯特尼茨基描述了“旧金山湾区的一个(蝴蝶)群体肯定是不同的,并且可能是未知的,因为人们对该物种的总体了解还十分有限”。他把它称为“变种”,但后来被发表为一个新的亚种。详见 Sternitzky, R. (1937),“A race of *Euphydryas editha* BDV. (Lepidoptera)”(《艾地堇蛱蝶的一个族群》),*Canadian Entomologist*(《加拿大昆虫学家》) 69: 203 - 205。

② 蛇纹岩是包含丰富蛇纹石族矿物(一种硅酸盐矿物群)的块状或片状岩石,常为绿色调,但也有青、灰、白或黄等色,因其青绿相间似蛇皮而得名。—— 译者注

植物。它的叶片是狭长形的,簇生在植株的基部。除了寄主的专一性[①],艾地堇蛱蝶其他的生物学特征也很适应这样的生境。多数蝴蝶的卵都是单个产下,或少数几个产在一起。艾地堇蛱蝶则会将很多卵产在同一处,形成一个很大的卵块。有时,一个卵块里的卵能有 250 粒之多。

卵孵化后,小幼虫们便会吐丝结网,并一起生活在里面。它们一起大吃大嚼,很快就啃光了它们的寄主植物。和许多可以在一株寄主上长到化蛹的蝴蝶不同,在吃光第一株寄主后,艾地堇蛱蝶的幼虫会爬到附近的其他植物上去。这时,他们的目标已不仅仅是矮车前草了。艾地堇蛱蝶还有另外两种寄主植物:长花火焰草(*Castilleja exserta*)和密花火焰草(*Castilleja densiflora*)。上述 3 种寄主植物的生长季节各不相同。在旧金山湾区,冬天的雨季过后有连续 8 个月的旱季。在夏天或秋天,整个丘陵草地只余一片枯焦。随着干旱的加重,矮车前草可能在幼虫化蛹之前就都干枯了(彩版图 2,上右图)。这样一来,幼虫就必须寻找新的寄主植物来维持生命。上面提到的两种火焰草都是在雨季后发芽的,并在旱季里生长一段时间。幼虫要靠着干枯前的火焰草,撑过半辈子的时间。之后,幼虫就得躲到枯叶下或石缝里,进入长达 7 个月的滞育期。等到雨水再次来临,这些寄主植物就会长出新的叶子,艾地堇蛱蝶的幼虫也随之复苏。风调雨顺的年份里,约有一半数量的幼虫能活过滞育期。相反,如果寄主植物因极端干旱而长势不良,则只有四分之一的幼虫能幸存下来。

布满蛇纹岩的土地,成了艾地堇蛱蝶的避风港。然而,20 世纪中叶生活在这里的十几个种群还面临着其他的威胁。种群之间的间隔超过 80 公里,相当于从旧金山南部到圣何塞南部的距离。在旧金山周边(比如双峰山),它们的种群曾一度繁盛。如今这里却

---

① 指昆虫依赖于一种或少数几种寄主植物的生物学特性。——译者注

变成了城市的一部分,不仅楼房林立,还有一条高速公路穿过旧金山南部的埃奇伍德公园。2002 年前,这里曾有约 47 公顷的艾地堇蛱蝶生境。就算在种群已经绝迹的贾斯珀山,它们也曾有过 10 公顷的生境。最好的保育成效,是看到艾地堇蛱蝶在尚未被开发的小片蛇纹岩土地上,重新建立起种群。[①]

污染之患

到 2002 年的时候,尽管种群数量一直在下降,艾地堇蛱蝶在旧金山仍有一个较大的种群。凯奥特岭(彩版图 2,下图)在这种蝴蝶历史分布区的南端,面积超过 2 000 公顷。因其位置偏僻,凯奥特岭没有受到湾区城市开发的影响。我们竭尽一切保育措施,使那里的环境维持得很好,因此可以养活大量的艾地堇蛱蝶。

即使在这个空间足够大,并保护得不错的环境中,威胁仍然存在。尽管栖息地似乎没有受到影响,但人们仍在改变凯奥特岭的草地,从而间接地促进了有害外来草种的定殖和生长。这种变化源于氮污染,氮在蛇纹岩土壤中的含量原本很低。人类活动常常打破自然界的氮平衡。对植物来说,氮既是我们施进土壤的一种肥料,又可能变成一种污染物。在诸多氮污染源中,汽车是比较糟糕的一种。汽车发动机会排放出氮氧化物,这些氮化合物在空气中扩散,最终沉降在草地上。栖息地越靠近高速公路,它受大气污染(包括氮)的影响就越大。

克里克赛德地球观测中心的斯图·韦斯发现了氮污染和蝴蝶衰退之间的关联。斯图照看这些艾地堇蛱蝶已有 30 年了。通过分析长期监测站和艾地堇蛱蝶分布地不同时期的氮含量,他发现,这

---

① 有关 20 世纪 50 年代以来艾地堇蛱蝶种群数量减少的详细历史,参见 Murphy, D. D. & Weiss, S. B. (1988), "Ecological studies and the conservation of the Bay Checkerspot butterfly, *Euphydryas editha bayensis*"(《艾地堇蛱蝶的生态学研究与保育》),*Biological Conservation*(《生物保护》)46: 183 - 200。

些栖息地中的氮沉积率比历史上高出了5—15倍。土壤氮含量的升高为入侵牧草提供了养分,进而破坏了蝴蝶的栖息地。从理论上讲,恢复艾地堇蛱蝶的种群需要控制空气污染物。但该地区人口稠密,汽车保有量很大,想将污染物降低到适合本地植物的水平难以实现。我们只能寄希望于电动汽车在短时间内取代燃油汽车了。

虽然阻止氮素渗透到草地里很困难,但控制威胁艾地堇蛱蝶的入侵牧草是可行的。为了控制这些牧草,斯图的研究小组独辟蹊径。他发现,曾经催生牧草入侵的牲畜悄然间却成了控制牧草的盟友。当牛在蛇纹岩草地上觅食的时候,它们更喜欢吃美味的外来牧草。1996年,斯图检验了牛吃草是否造成蝴蝶数量下降这个问题。他在艾地堇蛱蝶种群中建了几片研究小区,其中一部分可以放牧,剩余的部分则禁止放牧。他发现,停止放牧5年后,蝴蝶寄主植物的丰度下降了一半。放牧维持了有利于本土植物的平衡,因此也有利于艾地堇蛱蝶。

然而,牲畜给艾地堇蛱蝶出的是个两难的题。牲畜数量太多也会践踏、破坏土壤,排泄物也会干扰土壤养分循环。保育工作面临的挑战是在蝴蝶生存、放牧和其他非自然干扰之间找寻一个有利的平衡。这个挑战也以不同的形态出现在其他稀有蝴蝶故事中。对我个人来说,尽管不太喜欢这个结果,但干扰的确有助于维护蝴蝶赖以生存的本土草地。[①]

气候之变:天灾与人祸

在凯奥特岭和其他地方,气候变化是影响艾地堇蛱蝶种群数量的另一个因素。即使没有人类活动的干扰,它们本身也生活在多变

① 参见 Weiss, S. B. (1999), "Cars, cows, and checkerspot butterflies: Nitrogen deposition and management of nutrient-poor grasslands for a threatened species"(《交通、畜牧业和堇蛱蝶:受威胁物种贫养草地生境的氮沉降问题及其管理对策》), *Conservation Biology*(《保育生物学》) 13: 1476 - 1486。

的气候环境里。艾地堇蛱蝶需要适合的降雨量来维持幼虫生存。但加州也是典型的地中海气候区，一年里雨季和旱季相当分明，降雨量差异很大。极端的雨量变化有时会带来非涝即旱的结果。在最干热的年份，寄主植物会在幼虫发育成熟之前干枯。保险起见，雌性艾地堇蛱蝶演化成了机会主义者，它们有两种繁殖策略。第一种是先产较少的卵，以使它们的后代有充足的食物和生存机会。第二种是在时间紧迫时一次产下更多的卵。通常情况下，雌蝶在繁殖后期的产卵量更大，这一批后代必须争分夺秒地成长。

利用贾斯珀山的历史种群数据，我们可以预测干旱对艾地堇蛱蝶造成的影响。长达40年的数据揭示了从最高到最低的降雨幅度。其中一个时期对艾地堇蛱蝶产生的影响很大。1975—1976年冬季，降雨量只有多年平均的一半，而1976—1977年的冬季也只有四分之三。保罗·埃利希和他的同事发现，连续干旱缩短了植物的生长期，蝴蝶数量也骤降至干旱前的五分之一。为了帮助理解，请您想象一下，您的生活圈里每5个人中有4个消失掉是何种景象。[①]

干旱并不是导致艾地堇蛱蝶种群数量下降的唯一原因。倾盆大雨可能造成同样糟糕的后果。在雨季，幼虫必须抓紧时间生长发育。连续降雨通常和多云、低温的天气联系在一起。低温会延缓幼虫的生长速度，使它们在旱季来临时还没长成。一旦寄主植物的叶子枯萎，幼虫就会被饿死。

尽管艾地堇蛱蝶的种群数量本身也会自然波动，但它们对降雨量和温度的变化很敏感，因而特别容易受到气候变化的影响。只要经历的种群波动不太极端或过于频繁，它们的种群都能在风调雨顺的年景里得到恢复。气候变化正在产生更多的过湿和过干的年份，如果这些状况相继到来，就可能会给它们带来灭顶之灾。

---

① 参见 Ehrlich, P. R., Murphy, D. D., Singer, M. C., et al. (1980), "Extinction, reduction, stability and increase: The responses of checkerspot butterfly (*Euphydryas*) populations to the California drought"(《灭绝、减少、稳定到增长：堇蛱蝶种群数量对加利福尼亚州干旱的响应》), *Oecologia*(《生态学报》) 46: 101－105。

丘陵地貌可以保护艾地堇蛱蝶免遭极端气候的冲击。这些山地的温度随着地形的起伏连续变化,各不相同。由于温度会同时影响幼虫的生长速度(在热的地方长得快)和寄主植物存活力(在干热的环境中易枯萎),其变化就为蝴蝶提供了适应气候波动的可能性。斯图测了气温和幼虫体温、生长速率以及在不同坡度和坡向上的扩散情况。他发现北坡较凉,南坡较热,中间的山顶不凉也不热。这意味着,即便在同一片地方,某个山坡上的幼虫所处的温度环境与其他山坡上的幼虫不同。有时,温度差异会高达 2.8 摄氏度。面对这样的温度差异,艾地堇蛱蝶必须在食物资源和生长速率之间找到平衡,幼虫会爬行数十米去寻找更加适合的环境。复杂的地形(如凯奥特岭)为生活在多变气候中的艾地堇蛱蝶提供了很好的庇护。[①]

复壮之路

1994 年,我考察了凯奥特岭。最后,我在贾斯珀山见到了曾和我擦肩而过的蝴蝶。我对凯奥特岭的面积感到惊叹,并被扩大它的计划所鼓舞。恢复凯奥特岭艾地堇蛱蝶的栖息地重在清除入侵牧草,并通过一定的放牧来重建干扰。政府批准了我们的栖息地保育计划,还给我们拨了相应的资金,用于减少毗邻地区的能源、交通和垃圾处理可能造成的环境问题。斯图告诉我,每当他在春季路过那里时,总能看到鲜花盛开、蝴蝶飞扬的景象:"我感觉自己像徜徉在莫奈的画里一样。"提起蝴蝶的寄主植物时,他会说那里弥漫着"车前草香"[②]。

① 参见 Weiss, S. B., Murphy, D. D. & White, R. R. (1988), "Sun, slope, and butterflies: Topographic determinants of habitat quality for Euphydryas editha"(《光照、坡度和蝴蝶:决定艾地堇蛱蝶栖息地质量的地形因素》), *Ecology*(《生态学》)69: 1486 – 1496。

② 原著为 plantago-licious,是作者创造的合成词。前半部分为车前草的属名 *Plantago*,后半部分取自英语单词美味 delicious,译者根据表意将其译为"车前草香"。——译者注

斯图在凯奥特岭的辛劳工作成了种群恢复的范式。此外,我还将他的成果作当成了我学习的典范。2015 年,经过斯图的小组估算,凯奥特岭的艾地堇蛱蝶的幼虫数量大约有 200 万只。然而,它们中的一半都会夭折。总体上,成虫的种群数量约有 100 万只。这个规模已能缓冲种群的自然波动了。例如,从 2016 年冬季开始,连续 3 年的恶劣气候使种群数量跌至只有 10 万。年景好时,种群数量应该会再次增加。我认为,这个种群大小范围对于一个稀有蝴蝶而言还算可观了。

尽管目前凯奥特岭的种群数量比较大,但也仅仅是艾地堇蛱蝶种群恢复的第一步。这其中最主要问题是,除了这个种群,旧金山没有更多的种群了。多个种群的重要性有以下两个方面。一方面,假如凯奥特岭的种群绝迹了,其他种群就可以成为替补。另一方面,多个种群产生的交互作用,将使艾地堇蛱蝶的种群动态更加接近自然状态。艾地堇蛱蝶曾经有很多分散的小种群,散布在整个区域的若干蛇纹岩草地里。这就是生态学家所说的"集合种群"[①](图 2.1)。不同生境的质量会随着时间发生变化。人类活动的威胁可能在某个生境里更厉害。也可能各个种群本身所处生境的自然条件不同,比如海拔、坡向、降雨量等。无论这样的变化是自然的还是人为的,环境条件改变都会导致种群数量的变化。最坏的情况是,某些小种群会绝迹。从长期的过程看,当蝴蝶所在的生境彼此接近时,种群间的交流就足以平衡这种数量损失。重建过程是一个集合

---

① 描述整个区域内各个局域种群形成的集合的生态学术语。一个区域内,小块生境中的同种个体构成局域种群,各个局域种群通过某种程度的个体迁移连接在一起,从而形成的整个区域的群体称为集合种群。——译者注。有关集合种群的概念简述,尤其是它在物种保育中的意义,参见 Hanski, I. & Simberloff, D. (1997), "The metapopulation approach, its history, conceptual domain, and application to conservation"(《集合种群方法的历史、概念领域和在保育中的应用》), in Hanksi, I. & Gilpin, M. E., *Metapopulation Biology: Ecology, Genetics, and Evolution*(《集合种群生物学:生态、遗传和演化》)(San Diego, CA: Academic Press), pp. 5-26。苏珊·哈里森(Susan Harrison)在这篇文献里将这一概念应用于艾地堇蛱蝶,详见 Harrison, S., Murphy, D.D. & Ehrlich, P.R. (1988), "Distribution of the Bay Checkerspot butterfly, *Euphydryas editha bayensis*: Evidence for a metapopulation model"(《艾地堇蛱蝶的分布:来自集合种群模型的证据》), *American Naturalist*(《美国博物学家》) 132: 360-382。

种群稳定存在的特征。

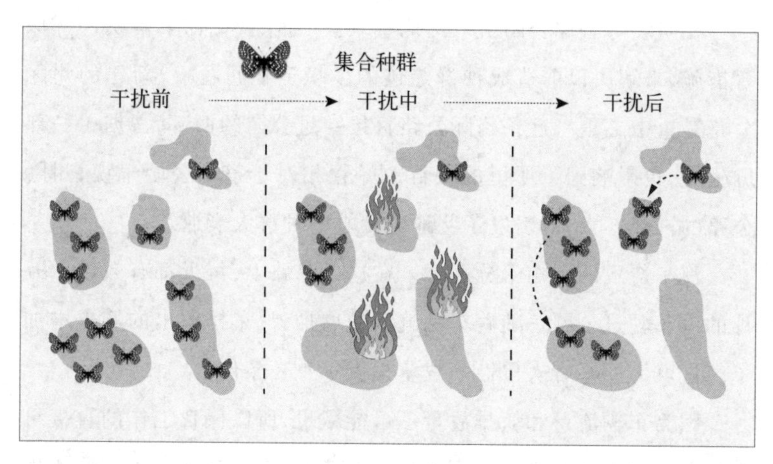

图 2.1 集合种群由若干彼此分隔的小种群构成,小种群之间可以通过迁移扩散进行个体交换;集合种群的自然动态既包括因干扰造成的小种群绝迹,也包括种群迁入后的再建立过程;尼尔·麦科伊绘制

不幸的是,在过去的 50 年中,生境破碎化将艾地堇蛱蝶关在了它们的老家。凯奥特岭位置偏远,无法向其他生境输出重建种群所需的蝴蝶。它们的生境被城市、郊区和山麓隔开几十上百公里。在这个方面,艾地堇蛱蝶并没有太多的出路。在现阶段,要想真正拯救这个物种,就离不开人为干预。除了保护和恢复栖息地,我们还要将艾地堇蛱蝶带到它的历史分布地,用人工搬家来代替自然扩散的过程。生境恢复和种群投放是艾地堇蛱蝶恢复中最重要的两个部分。

斯图和其他保育工作者也意识到,在凯奥特岭之外建立新的种群迫在眉睫。起初,他试图在埃奇伍德公园开展这项工作,因为那里曾有艾地堇蛱蝶分布。2014 年春天,我和斯图一起考察了公园。在那里,我很快理解了为何这个公园是一个理想的场所。它有约 200 公顷的草地和树林。在 2002 年之前,埃奇伍德公园还有一个艾地堇蛱蝶种群,数量甚至超过了北部的圣布鲁诺山州立公园和南部的贾斯珀山。公园里仍有许多高质量的栖息地——在大约 18 公顷的蛇纹岩土地上生长着许多寄主植物。然而,尽管看起来条件良好,这里仍需要先修复退化的生境。

在向埃奇伍德公园引入艾地堇蛱蝶之前,我们需要落实一些保育措施,来解决以前造成种群绝迹的生境退化问题。[1] 新建的州际公路是重中之重。这条州际公路直接穿过公园的西部,占据了一部分生境,也影响到了那里的种群。尽管相对于整个公园来说,州际公路的占地不大,但引发了艾地堇蛱蝶的种群大衰退。

汽车造成的影响十分恶劣。在这条公路上,每天都有数以十万计的汽车驶过公园。随着车辆流量的增加,汽车排放出的氮也增加了。这就为那些有入侵性的牧草提供了生长条件。

因为车辆流量和氮排放量不可能减少,所以保育工作的直接目标就是清除入侵植物。斯图和同事们制定了一个三管齐下的策略来实现这个目标。首先,最厉害的一招,公园员工每年割掉 1 公顷左右的草,模拟放牧型干扰,以减少多花黑麦草和其他入侵植物的覆盖度。第二,"除草勇士"小队会每周巡视草地,手工清除对本土植物和蝴蝶有害的杂草。在 2014 年的考察中,我碰到了其中一名队员,看着他只身一人奋力除草的壮举,我顿时心生敬意。第三,他们正在试验一些新的技术,其中最吸引我的是水力除草术,就是利用高能水流把要清除的植物冲碎。尽管这听起来有些残暴,但可以让入侵植物变成"肥料"提供营养,也不会扰乱土壤的平衡。

在尽力解决生境退化的问题后,斯图等人提出将艾地堇蛱蝶引入埃奇伍德公园的想法:把凯奥特岭的幼虫弄过来。比起我尝试过引种的其他蝴蝶,艾地堇蛱蝶在这方面很有优势:雌蝶不仅会把成百上千的卵产在一起,小幼虫们一开始也是群居的,这样就很容易收集。然后,人类就给它们当起了司机,载着它们穿过城市去往新的生境。只要它们到达埃奇伍德公园,这些蝴蝶中的一部分就能建

---

① 有关艾地堇蛱蝶种群恢复工作及其带来的响应的综述,参见 Neiderer, C. (2018), "Bay Checkerspot Reintroduction: Coyote Ridge to Edgewood Natural Preserve"(《重新引入艾地堇蛱蝶:凯奥特岭到埃奇伍德自然保护区》), Report of the Creekside Center for Earth Observation, Menlo Park, CA。

立新的种群了。

初次尝试的时候，斯图很谨慎，他仔细平衡着在两地之间调运种群可能带来的得失。2007 年，斯图的研究小组转移了几百只幼虫。这个过程比我想象的要容易很多。我经手过的其他蝴蝶则不一样，把幼虫转移到叶片上真是个苦活儿，叶片的大小还得足够它们在转移过程中吃。低龄的幼虫有时很细小，动它们一下都可能造成致命的伤害，这令我感到焦虑。在凯奥特岭，斯图他们却可以收集到很多 3 厘米左右的幼虫。更让我惊讶的是，他们将幼虫运到公园后，就直接把它们撒在地上，好像我们往汤里加盐一样。斯图相信，幼虫能够安全地爬到寄主植物上。

谁料想，他们遇上了一场世纪大旱，首次尝试失败了。在引种后的第二年，斯图的研究小组只观察到一只幸存的幼虫。当我自己的类似工作失败时，我会感到十分畏怯，但我也知道，这些尝试也会带来意想不到的好处。甚至失败本身也是一次实验，可以加深我们的理解，以便将来做出合理的改进。

通过引入更多的艾地堇蛱蝶，斯图才可以克服在埃奇伍德公园建立种群所面临的挑战。要这样做，他就得坚持种群恢复的核心理念：快速扩大规模。当环境出现意外变化时，小种群濒临绝迹的风险很高。为了克服这些风险，斯图的研究小组获得了美国鱼类及野生动植物管理局的批准，他们可以从凯奥特岭转移更多的幼虫到埃奇伍德公园。引入的个体数从先前的几百只增加到了 4 000 只，但这并不会对种群造成什么影响。和凯奥特岭的种群规模比起来，这只是九牛一毛，从比例上看，也只占了万分之四。

在接下来的几年中，大量的幼虫变成了成虫。每年，斯图都会在埃奇伍德公园统计幼虫和成虫的数量。他发现，从 2011 年到 2014 年，蝴蝶成虫的数量在逐年增长，从 120 只增加到了 800 只。这是自启动种群恢复以来，埃奇伍德公园里艾地堇蛱蝶数量最多的年份。2017 年，种群数量再次骤降到 47 只成虫。在此期间，斯图他们又从凯奥特岭调来了更多的幼虫。

斯图解释说,恶劣气候是导致种群数量下降的原因之一。此外,他很清楚,在不重新引种的情况下,种群的存活时间决定了恢复能否成功。他们在2018年没有引入新的幼虫,却仍然观察到43只成虫。尽管数量很少,但这表明之前引入的种群至少可以维持一年。但在这样低的种群数量下,艾地堇蛱蝶也很难持续繁衍下去。想要建立经久不衰的种群,不仅需要增加引种的规模,还需要仔细调整方案里的诸多技术细节。

我从斯图他们的工作中总结出了一点心得:做蝴蝶恢复这行是无法一劳永逸的。以艾地堇蛱蝶为例,埃奇伍德公园的种群绝迹了几十年,想要立即恢复它是不现实的。斯图的工作也提醒我,光是搞清楚衰退的原因可能就得几十年。威胁种群延续的因素可能并不简单,而是全球变化的很多因素交织而成的。恢复工作者要勇于尝试,并从成功和失败中总结经验。只有这样,我们才可能找到长期可行的措施。斯图说,失败是成功之母。在经历了数十年的脆弱后,艾地堇蛱蝶终于在人类的帮助下显出了一丝顽强。

渐入正轨

在我一生中,艾地堇蛱蝶的数量一直在减少。虽然我从未亲自参与过它的恢复工作,但在30年的时间里,我和为之奋斗的生态学及保育学的学者们一直保持着联系。因此,这个案例也对我自己的工作产生了指导意义。[①]

造成这种窘况的原因之一,是艾地堇蛱蝶比其他稀有蝴蝶承受了更多的威胁。1987年,美国鱼类及野生动植物管理局就将其列

① 参见 Ehrlich, P. R. & Murphy, D. D. (1987), "Conservation lessons from long-term studies of checkerspot butterflies"(《从对堇蛱蝶的长期研究中总结出的保育经验》), *Conservation Biology*(《保育生物学》)1: 122-131。

为受威胁的亚种,在那时,艾地堇蛱蝶的 32 个种群已经没了 29 个。

尽管起点不容乐观,但越来越多的证据表明,艾地堇蛱蝶正朝着复壮的方向发展。要达到预期目标仍有很长的路要走。不断的努力,加上一点好运气,埃奇伍德公园的成功应该能维持下去。这将为人们在湾区其他地点开展恢复工作提供借鉴。2017 年,斯图把这套修复技术推广到了北部圣布鲁诺山的一个历史分布地。将来还会有更多的恢复工作在周边展开。然而,我们不得不承认这样一个事实,由于受到城市化的强烈干扰,这些恢复出来的种群也不大可能组建成一个集合种群了。

对于那些迄今还知之不多、在行为和种群结构方面依然被认为是"普通种"的蝴蝶,艾地堇蛱蝶的案例已成为生态学和保育工作者的宝典。通过研究艾地堇蛱蝶,保罗 · 埃利希提出,保育的重点不在物种本身,而在种群。他曾写道:"光盯着物种丧失,我们只能看到一个漫长的生态过程的终点。"在艾地堇蛱蝶的案例里,这个漫长过程中还包含旧金山湾区蛇纹岩草地的退化。这个生态系统孕育着 10 多种已经濒危的植物,本土植物被那些本难以在贫瘠土地上生长的入侵植物团团围住。在这种情况下,仅仅保护蝴蝶本身是没有意义的,蝴蝶保护必须和栖息地保护齐头并进。

斯图建议,保护艾地堇蛱蝶的栖息地还应该重视环境多样性。这个观点给主流的保育范式带来了新思想:保护更大的区域。地形变化是生境质量的关键组成部分,丘陵山地的不同坡度和坡向会产生明显的气候梯度。环境多样性有利于提高种群对极端气候变化的承受能力。这里所说的较大区域,只有在囊括了各种生境时才具有现实意义。保护环境多样性可以使艾地堇蛱蝶少受气候变化的影响。

艾地堇蛱蝶是世界上最稀有的蝴蝶吗?如果以个体数量来论的话,当然不是。斯图他们每年调动的蝴蝶就成千上万,这比其他任何一种稀有蝴蝶总数都多。然而,无论是曾有 1 万只蝴蝶的贾斯珀山种群,还是曾有10万只蝴蝶的埃奇伍德公园种群,都无法媲美它们鼎盛时期的规模。即便是凯奥特岭的种群也绝非安全无虞。那里的数十万只蝴蝶只是保育工作的坚实基础。

如果我们换一个指标来衡量,以种群数来论,那么艾地堇蛱蝶的种群已经不能再少了——只剩一个!单种群的物种极度脆弱,哪怕是很小的自然或人为干扰都能导致灭绝。当生物入侵、气候变化、氮素污染和生境丧失这些威胁都加诸到一种蝴蝶身上时,情况就可能变得十分糟糕。

艾地堇蛱蝶所经历的威胁、衰退以及逐步复壮的经验,值得我们在解决其他稀有蝴蝶的难题时借鉴。就现在看来,如果我们行动得还不算太晚,艾地堇蛱蝶并不会成为最稀有的蝴蝶。尽管如此,历史趋势告诉我们,某个种群的数量跌到只剩几千只也是可能的。但是,在艾地堇蛱蝶的保育案例上,我的感受有所不同:我们为它所做的一切研究确实成了它生存下去的科学基础。走到今天这一步,我们都付出了不菲的代价,有了这些基础,艾地堇蛱蝶才能得到真正的保护。

伊卡爱灰蝶

1929年,明尼苏达大学的昆虫学家拉尔夫·梅西在俄勒冈州西部捉到一只蓝色的小蝴蝶。[①] 发现它的地方在俄勒冈塞勒姆市西边的威拉米特河谷西侧。1931年,梅西意识到这只小蝴蝶是个新亚种,于是把它命名为豆灰蝶俄勒冈亚种(*Plebejus maricopa fenderi*)。梅西把这个新亚种的名字献给了他的蝶友肯尼斯·芬德,因为芬德是第一个在野外发现这种蝴蝶的人。[②] 随着研究的深入,这种蝴蝶和它的近缘种的关系也逐渐明晰,它的学名就变成了伊卡爱灰蝶俄勒冈亚种(彩版图3)。此后的8年间,也就是在美国经济大萧条的那几年里,人们还在塞勒姆市及其南边50公里的科瓦利斯市见到过几次这种蝴蝶。

1937年后,伊卡爱灰蝶就谜一样地消失了。1年、2年……10年,人们都没有再见到它。它消失了50年之久,人们一度认为它已

① 这一章介绍本书里提到的三种“小蓝蝶”的第一种。1993年,霍尔·库什曼(Hall Cushman)和丹尼斯·墨菲(Dennis Murphy)写道:“我们怀疑(小蓝蝶)的某些生物学特征使它们更容易受到威胁,这可能令它们易于灭绝。”参见 Cushman, J. H. & Murphy, D. D. (1993),“Susceptibility of Lycaenid butterflies to endangerment”(《灰蝶的易危性》),*Wings* (《翼》)17: 16-21。

② 参见 Macy, R. W. (1931),“A new Oregon butterfly (Lepid. Lycaenidae)”(《俄勒冈州一蝴蝶新种》), *Entomological News* (《昆虫学信息》)42: 1-2。

经灭绝了。

草原变草地

伊卡爱灰蝶的数量并非从来就少。目前,我们还不清楚它的种群数量和分布范围,但历史上的种群可能很大。它曾经的分布范围可能覆盖了太平洋西北岸的广大草原,其中生活着若干集合种群。1万多年前,随冰川退缩而来的洪水在威拉米特河谷滋养出约40万公顷的大草原。假如伊卡爱灰蝶的种群规模与这片大草原的面积相称,那么其数量必定是巨大的。①

19世纪中叶,栖息地发生的三个巨变是伊卡爱灰蝶衰退的肇端。首先,欧洲定居者掀起了一波农耕热潮。和所有稀有的蝴蝶一样,栖息地破坏是造成伊卡爱灰蝶衰退的主要原因。这片大草原有三分之二是干燥的,适宜农耕,因此很快变成了农田。另外三分之一有积水。由于无法耕种,欧洲定居者避开了积水的草原,使这里成了伊卡爱灰蝶的避风港。但是,在20世纪30年代,美国陆军工程兵团在那里展开了调水排水工程,余下的草原也很快遭了殃。截至2009年,河谷中的40万公顷土地专用于生产干草,另外40万公顷种上了小麦,还有20万公顷种着收籽的草。对本地生态系统来说,这些草地无异于玉米田或松树林。此外,威拉米特河谷还有许多生产水果、蔬菜和圣诞树的农场。如今,原来的大草原仅残存了不到400公顷,并且被蚕食成很多小而孤立的碎片,散布于这片河谷当中。②

---

① 美国鱼类及野生动植物管理局2006年将太平洋西北岸的草原和其他环境要素列为保护地濒危和受威胁的野生动植物:划定伊卡爱灰蝶俄勒冈亚种(*Icaricia icarioides fenderi*)、金氏羽扇豆(*Lupinus sulphureus* ssp. *kincaidii*)和威拉米特飞蓬(*Erigeron decumbens* var. *decumbens*)的重要栖息地。最终规定见 *Federal Register* (《联邦公报》)71: 63862 - 63977。

② 有关威拉米特河谷景观变化的宏观历史分析,参见 Towle, J. C. (1982), "Changing geography of Willamette Valley woodlands"(《威拉米特河谷林地的景观变化》), *Oregon Historical Quarterly* (《俄勒冈历史季刊》) 83: 66 - 87 和 Johannessen, C. L., Davenport, W. A., Millet, A. & McWilliams, S. (1971), "The vegetation of the Willamette Valley woodlands"(《威拉米特河谷林地的植被》), *Annals of the Association of American Geographers*(《美国地理学家协会年刊》) 61: 286 - 302。

欧洲定居者带来的第二个巨变，是大规模控火，这同样导致了生境丧失。在物种保育领域，我们最关注的问题就是生境丧失。人们圈起大片的土地，并把其中的森林或大草原改造为城市和农场。在稀有蝴蝶保育中，我们经常遇到这样的问题，那就是即便在理想栖息地内，种群数量也依然在减少。人类活动阻断了自然干扰过程，从而导致了栖息地质量下降。在这个案例里，自然干扰就是草原火。当草原不再经历火烧时，不少灌木和乔木就会取代本地草种。这其中典型的就是喜马拉雅黑莓（*Rubus armeniacus*）和太平洋毒栎（*Toxicodendron diversilobum*）。在威拉米特河谷生长的本地草种里，一种羽扇豆就是伊卡爱灰蝶的寄主植物。在欧洲定居者到来前，卡拉普亚人①通过火耨来促进草原生长。火耨会增加糠米百合（*Camassia quamash*）的鳞茎产量和野生动物数量，从而为卡拉普亚人提供充足食物。历史学家记录的最近一次火耨发生在19世纪初。此后，欧洲定居者就开始大规模控火来保护他们的农业生产。

我在艾地堇蛱蝶案例里说过，除了控制灌木和乔木过度生长，火耨还是防范第三个巨变的壁垒。这个巨变就是外来物种的侵入。这里的外来物种包括绒毛草（*Holcus lanatus*）、短柄草（*Brachypodium sylvaticum*）、金雀儿（*Cytisus scoparius*）和燕麦草（*Arrhenatherum elatius*）等等。这些入侵植物无处不在。在没有火耨的情况下，它们很快排挤掉草原上的本地草种，包括伊卡爱灰蝶的寄主植物。

我曾带过一位名叫埃丽卡·亨利的博士生，她曾在伊卡爱灰蝶的老家——威拉米特河谷里做硕士论文。她给我讲了一个关于这种蝴蝶的冷笑话。冰期以后的气候有利于灌木和乔木生长。美洲土著通过火耨来抑制这些木本植物的生长，使伊卡爱灰蝶的寄主植物得以延续。这就带来一个控火后的困局：如果没有美洲

---

① 卡拉普亚人是分布于今美国俄勒冈州的印第安原住民。——译者注

土著,这个靠火耨活命的蝴蝶可能在数百年前就已经因为缺火而亡了。

为了实现保护目标,并在威拉米特河谷里重建长满羽扇豆的大草原,我们有两条路可以走。一是收回伊卡爱灰蝶曾经的栖息地。为了保育收购土地是可行的,但是要花费很长时间,只能通过积累小片土地来实现。这是一条漫长的路。另一个则是对现有栖息地加以管理,引入适度的火烧和其他管理措施。要走这条路就需要在科学上有所创新。然而,对一个在 1937 年就被判了灭绝的蝴蝶来说,恢复也毫无意义了。

科学家搞错了

在宣告灭绝 50 年后,伊卡爱灰蝶的命运来了一个大转弯。1988 年,保罗·塞弗恩斯重新发现了它。那时,塞弗恩斯是一位 12 岁的蝴蝶收藏家。他常去俄勒冈州的科堡岭,主要是为了寻找几种罕见的堇蛱蝶和豹蛱蝶。他捉到了一只蓝色的蝴蝶,并很快意识到它的颜色和斑纹都不同于他已有的标本。他确定,那就是伊卡爱灰蝶,但他并没有多想。在他手上的野外指南里,伊卡爱灰蝶的说明和其他蝴蝶的差不多,也没提及它的灭绝史。同年秋天,塞弗恩斯参加了一次蝴蝶学者和爱好者的研讨会,参会者都对他的发现表示怀疑。第二天,塞弗恩斯把标本带到了会场,让与会者目睹了它。与会者中有一位名叫保罗·哈蒙德(Paul Hammond)的人,是俄勒冈州立大学的昆虫学家,他在第二年的春天也发现了伊卡爱灰蝶。那么,这几十年间,这些蝴蝶躲到哪儿去了呢?[①]

无论是自然爱好者还是专业学者,在寻找稀有物种的时候都难

① 简明易懂的伊卡爱灰蝶简史,参见 Schultz, C. B. (2015),"Flying to recovery: Conservation of Fender's Blue butterfly"(《从常见到恢复:伊卡爱灰蝶的保育》),*News of the Lepidopterists' Society*(《鳞翅学会信息》)57: 210-213。

免骑驴找马。对稀有昆虫而言,这个问题更为突出。造成这个问题的症结在于,科学家以为他们知道伊卡爱灰蝶的寄主植物是什么。事实上他们并不知道。要确定某种幼虫的寄主植物看似简单。但对于那些数量稀少且深居简出的蝴蝶,它们的幼虫数量也很少,饲养起来十分困难。这样一来,我们就只能根据近似种的寄主和栖息地来推断。我从中悟出一个道理:推断稀有蝴蝶的寄主不难,但这种轻易得来的结论很可能靠不住。

伊卡爱灰蝶的寄主植物有许多难以区分的近亲。和许多蓝色灰蝶一样,伊卡爱灰蝶以羽扇豆属(*Lupinus*)的植物为寄主。羽扇豆是豆科植物中的一类,豌豆和其他豆类也是其中的成员。豆科植物在野外十分常见,有些还被我们种在花园里。所有羽扇豆属的物种看起来都很像。起先,梅西和其他人在几株羽扇豆的周围观察到了伊卡爱灰蝶,于是就把那当成了寄主。

在寻找伊卡爱灰蝶时,昆虫学家和收藏家会直奔常见的羽扇豆而去,并盯着那些多年生种不放。在重识伊卡爱灰蝶的过程中,我们发现它和常见的羽扇豆无关,而是和几种十分罕见的羽扇豆有关。令人困惑的是,灰蝶吃多种寄主植物的情况很少见。这些植物在当地可能很少,但在全世界更为广布。其中一种疑似的寄主植物是小乔羽扇豆(*Lupinus arbustus*),主要分布于俄勒冈州东部和中部,向北延伸至华盛顿,向南则延伸至加利福尼亚北部。小乔羽扇豆高70厘米左右,花色丰富,有黄色、粉色、蓝色等等。另一种是俄勒冈州西部的白茎羽扇豆(*L. albicaulis*),它与小乔羽扇豆长在一起,也有70厘米高,但它的花是紫色的。

尽管数量不多,但这两种羽扇豆并不是伊卡爱灰蝶的寄主植物。它的寄主植物是一种更罕见的羽扇豆——快要濒危的金氏羽扇豆(*L. oreganus* var. *kincaidi*)。金氏羽扇豆有30到70厘米高,开紫色的花。尽管和前面的两种羽扇豆很像,但它的花没有细长而空心的距[1]。更麻烦的是,这两种植物能够产生杂交品种。伊卡爱灰蝶和金氏羽扇豆之间的关系,正是揭示这种蝴蝶的生物学特性,进而提出保育措施的关键。在这个案例里,稀有蝴蝶以稀有植物为寄主,真是天生一对。这种组合很可能就是伊卡爱灰蝶稀少的原因。我在后面会谈到,伊卡爱灰蝶的保育必须建立在对金氏羽扇豆的保育之上。[2]

大致在发现伊卡爱灰蝶的同时期,植物学家查尔斯·史密斯(Charles Smith)发现了金氏羽扇豆。1924 年,他发表了它和其他 25 种羽扇豆,并把它们与太平洋西北岸的其他 110 种羽扇豆鉴别开来。史密斯认为,金氏羽扇豆是俄勒冈羽扇豆(*L. oreganus*)的一个变种,并以特雷弗·金凯德(Trevor Kincaid)的名字来命名。金凯德是在 1898 年首次采集到这种羽扇豆的标本的人。有些物种几乎无法区分,它们的杂交后代更是如此。这就解释了专家们在寻找伊卡爱灰蝶时遇到的难题。在我们查明金氏羽扇豆之前,寻找伊卡爱灰蝶无异于大海捞针。

初次邂逅

2011 年,离人们再次发现伊卡爱灰蝶已经过去了 20 多年。这些年,我不断积累着有关它的知识,并制定了一个观察它的万全计划。在晚春的最佳时节,我从北卡出发,横穿美国来到俄勒冈州西部。华盛顿州立大学的谢丽尔·舒尔茨教授带我探寻了两处分布点,其中一处在积水的草原上,另一处则比较干燥。我的第一印象是,这地方真不适合农耕。

我们的第一站是俄勒冈州的塞勒姆市,郊区的山麓上便是巴斯基特斯劳国家野生动物保护区(Baskett Slough National Wildlife

① 此处的“距”指植物的花瓣形成的一种中空延长构造。——译者注

② 参见 Smith, C. P. (1924), “Studies in the genus *Lupinus* - XI. Some new names and combinations”(《羽扇豆属研究之十一—— 一些新种和新组合》), *Bulletin of the Torrey Botanical Club*(《托里植物学会通报》) 51: 303 - 310。

Refuge)。草原从谷底沿着山坡像手指一样向上延伸,在海拔较高的地方,则渐渐过渡成森林。我们登上巴斯基特斯劳高地寻找伊卡爱灰蝶和金氏羽扇豆。那段路不难走,往返不到2.5公里,海拔也只上升了大概60米。当天风和日丽,从高地上眺望到的河谷美不胜收,映入眼帘的是一片布满岩石的开阔草原,在谷底斑驳地镶嵌着成片的干草地。

小路边的毒栎长得又高又密,令人十分头疼。我们出发之前,谢丽尔就再三叮嘱我们:不要随意穿越那些小路,否则就会遭到毒栎的伤害。[1] 刚走出这段"险境",我们就看到了一大片金氏羽扇豆。成片的植株长得郁郁葱葱,盛开着娇艳的紫花。

我和一个由教授、研究生及技术员组成的生物学团队登上了巴斯基特斯劳高地,在那里寻找伊卡爱灰蝶。全体队员都满怀期待。对于那些从未见过伊卡爱灰蝶的人来说,这无疑是一次见证珍稀昆虫的良机。在寻找羽扇豆和赏花的同时,我们讨论着关于蝴蝶和寄主的专业问题,整个小组充满了学术气氛。

尽管我规划了一次完美的考察,但春夏之交的连续阴雨让这个计划泡了汤。糟糕的天气延缓了伊卡爱灰蝶的发育,因此我连一只成虫都没见到。这种失望在我心头萦绕了很多年。

然而,我的付出并没有白费。如果见不到成虫,就说明那里有幼虫(很难找到)或蛹(几乎找不到)。于是整个团队都跪下来,弯着腰,逐一地翻着羽扇豆的叶子找虫。白天,幼虫躲在叶片背面休息和取食。比起我们翻过的羽扇豆叶子的数量,能被找到的幼虫实在寥寥无几。

幼虫很小,通体绿色,短粗而柔软(彩版图4,上图)。和很多蝴蝶幼虫一样,它们模仿寄主植物的颜色来躲避天敌。它们身上没有明显的条纹或斑点,也不长毛或刺。有时,它们会从叶子上爬到花

---

① 人的皮肤接触毒栎会引起严重的过敏反应。效果类似我们熟悉的漆树。——译者注

梗上,当它们趴在花瓣上的时候,就变得十分显眼了。人们常常看到幼虫和它们的蚂蚁伙伴在一起,蚂蚁一边享用吃着幼虫分泌的蜜露,一边给幼虫当保镖。

我们一连找了几个钟头。我承认,找幼虫这件事实在令我绝望。每当有一点阴影从我头顶掠过,我就会猜测是不是成虫飞过去了。我的眼神不及从前,况且我本就不善于发现那些趴在叶子上一动不动的小东西。队里的每个人都翻找了十几棵的寄主植物,成百上千片的叶子。终于,一个队员冲我们欢呼起来,我们赶紧凑过去,在那里见到了一只长得不错的幼虫(彩版图 4,下图)。后来,我们又找到了几只幼虫。老实说,见到这个珍稀物种的幼虫让我喜出望外。然而,没见到成虫仍成了这次考察之旅的遗憾。

尽管我一心想找成虫,但我们去巴斯基特斯劳高地的动机远不止于此。我和谢丽尔都在做一项恢复蝴蝶种群的研究。在巴斯基特斯劳高地,我们看到了想看的东西:干旱草原、金氏羽扇豆、伊卡爱灰蝶幼虫,以及一些栖息地的管理方式。我们也学习了谢丽尔的团队研究蝴蝶行为的技术,这会在后文里进一步谈到。

我们当天的另一项任务,是察看伊卡爱灰蝶的各种栖息地。随便吃了点午餐后,我们往南赶了 100 多公里的路,差不多纵贯了蝴蝶的分布范围。我们来到了俄勒冈州尤金市的威路克里克保护区。这个由大自然保护协会(The Nature Conservancy,缩写为 TNC)[①]管理的保护区占地约 200 公顷,主要保护积水草原生态系统。这里一望无垠,伊卡爱灰蝶和它们的寄主植物就在保护区里地势稍高的地方。尽管我心心念念地想见到一只成虫,但一整天我们都没能如愿。不过,我们在这里学习了恢复草原生境的案例。

---

① 成立于 1951 年,是国际上最大的非营利性的自然环境保护组织之一,总部在美国弗吉尼亚州阿灵顿市。——译者注

恢复始于寄主

在这次考察之旅中，谢丽尔一路都在强调，恢复伊卡爱灰蝶种群的关键在于恢复金氏羽扇豆。和其他取食广布性寄主植物的稀有蝴蝶不同，伊卡爱灰蝶的寄主植物本身就岌岌可危。即便如此，金氏羽扇豆的分布范围也远比伊卡爱灰蝶的大。金氏羽扇豆在分布区内有150多个种群，是伊卡爱灰蝶种群数量的五倍。伊卡爱灰蝶种群有限的原因可能有以下两个。第一种是，单个金氏羽扇豆的种群可能很小，仅由路边的几株植物组成。如此小的种群养不活太多的伊卡爱灰蝶。第二种是，金氏羽扇豆主要分布在伊卡爱灰蝶的历史分布区以外。绝大多数的金氏羽扇豆都生长在俄勒冈州西部的威拉米特河谷，沿南北向从波特兰市一直延伸到尤金市。我们保育金氏羽扇豆的目标有两个，一是维持它的生存条件和现有种群，二是在此基础上保护新的生境以扩大其种群。对伊卡爱灰蝶而言，它的保育目标则是尽可能增加分布区内的种群数量。[①]

我们在扩大金氏羽扇豆种群的时候会遇到两个问题。第一个问题比较易解决，那就是掌握在新生境里恢复种群所需的植物学知识。育苗专家已经能人工繁殖金氏羽扇豆，并把种苗移植到新的生境里了。第二个问题是征地，这个问题解决起来比较费神。金氏羽扇豆散布在方圆约240公顷的分布区中，而其叶面积仅覆盖了其中的1.5公顷。只有扩大分布面积，我们才能维持住金氏羽扇豆种群的稳定性，也才能进一步满足伊卡爱灰蝶复壮的需求。[②]

金氏羽扇豆可以用种子繁殖，也可以用植株繁殖。谢丽尔做了

---

① 参见 US Fish and Wildlife Service (2010), *Recovery plan for the Prairie Species of Western Oregon and Southwestern Washington*（《俄勒冈州西部和华盛顿州西南部草原物种的恢复计划》）(Portland, OR: US Fish and Wildlife Service)。

② 有关我们改善羽扇豆苗圃的详细研究信息，参见 Severns, P. M. (2003), "Propagation of a long-lived and threatened prairie plant, *Lupinus sulfureus* ssp. *Kincaidii*"（《多年生和受威胁的金氏羽扇豆的人工繁育》），*Restoration Ecology*（《修复生态学》）11: 334－342。

个实验,通过在草原上播种来恢复。她首先清掉了入侵植物,为播种打好了基础。她探索出一种很好的整地方法:在土壤上铺塑料薄膜,造出一个用阳光加热土壤的温室,她把这种技术称为日光化。这比翻耕或去除关键养分要好。即便如此,在实验期间,播下去的种子只有不到一成发了芽,能生根并长大的则更少。通过这个实验,谢丽尔总结出,想要成功恢复金氏羽扇豆,最好的方法是移植种苗而不是播种。[①]

种群建立起来以后,成功就取决于是否有适宜的生长条件了。保育管护员用了三种方法来控制灌木、乔木和入侵性杂草,以减少它们对金氏羽扇豆等本地植物的抑制作用。第一种方法就是火烧。在夏末秋初点火对金氏羽扇豆有利,对植株的伤害最小。因为在这个季节,金氏羽扇豆的叶子均已干枯,宿存的活体藏在土里。然而,火烧法的隐忧是强风会将火焰引向他处,威胁到邻近建筑物和城市的安全。现在,大部分金氏羽扇豆的生境都已经烧过了。第二种方法是割草。尽管这个方法也能达到相同的效果,但会损伤金氏羽扇豆的叶片和花。即便如此,几乎所有栖息着伊卡爱灰蝶的生境也都处理过了。第三种就是笨办法了,管护员会请人来除草。这需要花费很大的力气。即便如此,他们也十分积极地清除着入侵植物。要综合运用上述方法,才能让金氏羽扇豆经久不衰。进展顺利的话,这些方法应该也能满足恢复伊卡爱灰蝶种群的需求。[②]

---

① 参见 Schultz, C. B. (2001),"Restoring resources for an endangered butterfly"(《为一种濒危蝴蝶恢复其资源》), *Journal of Applied Ecology*(《应用生态学报》) 38: 1007 - 1019。

② 不同的恢复措施在增加蝴蝶数量的有效性和实施的难易程度等方面各不相同,关于如何平衡和选择各种措施,参见 Schultz, C. B., Henry, E., Carleton, A., et al. (2011),"Conservation of prairie-oak butterflies in Oregon, Washington, and British Columbia"(《俄勒冈、华盛顿州和不列颠哥伦比亚草原生态系统中取食壳斗科植物的蝴蝶物种的保育》), *Northwest Science*(《西北科学》) 85: 361 - 388; 以及 Stanley, A. G., Dunwiddie, P. W. & Kaye, T. N. (2011), "Restoring invaded Pacific Northwest prairies: Management recommendations from a region-wide experiment"(《修复被外来物种入侵的西北部草原:基于区域尺度实验得出的管理建议》), *Northwest Science* (《西北科学》) 85: 233 - 246。

关键要素:蝴蝶的天性

无论在金氏羽扇豆的历史分布区,还是在它的人工恢复区,我们都得想办法扩大伊卡爱灰蝶的分布范围。到2018年的时候,已知的种群有三四十个。它们的分布区从南部的尤金市到塞勒姆市以北,绵延约128公里。扩大分布区的办法有两个。我们可以照搬艾地堇蛱蝶的模式,人为制造扩散,将卵、幼虫或成虫迁入有金氏羽扇豆,但还没有伊卡爱灰蝶分布的地方。对于伊卡爱灰蝶来说,这种办法十分困难。艾地堇蛱蝶有先天的优势。首先,它的种群规模足够大;其次,它的卵和幼虫都是群聚的。伊卡爱灰蝶则不然,除了卵和幼虫难以找到,还很难说从如此稀有的蝴蝶种群中调走多少算合理。还有一个办法,那就是做一个保育规划,使金氏羽扇豆都分布在伊卡爱灰蝶的扩散范围以内。要克服这些障碍,我们需要同时从科学理论和管理方法上进行创新。

恢复方案必须符合伊卡爱灰蝶的生物学特性。我回忆了2011年造访巴斯基特斯劳保护区的经历,也是那次考察的真正目的。我对谢丽尔所做的生物学和保育研究很感兴趣。谢丽尔曾致力于研究伊卡爱灰蝶,以了解如何保育和恢复其种群。我从她那儿学到的一点是,我们对稀有蝴蝶的天性知之甚少,而要掌握这些知识并非一日之功。这趟与谢丽尔同行的考察,我不但学到了如何恢复伊卡爱灰蝶的知识,还学到了其他有关稀有蝴蝶保护的常识。①

在做博士论文《伊卡爱灰蝶的生态学与保育》时,谢丽尔就已开始入行了。她的论文内容十分丰富,传达着她对这一切的理解,从伊卡爱灰蝶在破碎的草原生境里的行为,到幼虫和成虫对寄主植

---

① 本章中关于科研和保育的许多观点都可以追溯到谢丽尔·舒尔茨的开创性工作,其中包括对伊卡爱灰蝶天性、种群、扩散和通过火烧进行恢复的研究;参见 Schultz, C. B. (1998), *Ecology and Conservation of Fender's Blue Butterfly*(《伊卡爱灰蝶的生态学和保育》)(PhD diss., University of Wanshington, Seattle)。

物的依赖程度，再到如何借助火烧进行种群恢复，等等。尽管从事这项研究已有25个年头了，谢丽尔依然对伊卡爱灰蝶倾注着全部心血。正因为她的孜孜以求，我们才得以在伊卡爱灰蝶的恢复之路上取得了如此重要的进步。

直到2011年，谢丽尔才发现伊卡爱灰蝶的种群大小不一，数量大的有2 000个个体，而数量小的仅有几个。所有种群的个体总数在2 000—6 000只。[①] 此时，谢丽尔也开始全力搜集种群恢复工作所需的理论。

2003年，谢丽尔与保罗·哈蒙德一起预测了每个伊卡爱灰蝶种群的未来规模。他们明白，和多数蝴蝶一样，伊卡爱灰蝶的种群数量也会大幅度波动。当某一年的数量很高，次年的就可能很低。他们正是利用这种变化规律来预测未来种群规模的。即使在最佳的生境里，每年的气候波动也会影响伊卡爱灰蝶的产卵量和最终的成虫数量。在极端情况下，会出现很大的负向波动，而导致种群绝迹。[②]

谢丽尔和保罗发现，在不进行恢复干预的情况下，只有一个种群有九成的概率撑过本世纪。其他种群的存活概率则只有五成或更少。自然条件的变化和生境丧失、外来种入侵以及缺乏火烧的威胁一道，把几个倒霉的种群逼得流离失所。

在与土地管理员合作研发保育技术的那几年里，谢丽尔发现，她很难运用种群数量大幅度波动的预测结果。这个概念实在太抽象了。由于这些蝴蝶已几乎命悬一线，她进而改用恢复种群所需的最小数量。依据她的研究所得的指导，以及平日里和当地保育工作

---

① 数据由谢丽尔·舒尔茨于2018年8月18日提供给笔者。

② 掌握了种群数量随时间变化的信息，如平均数量和波动幅度，科学家们就可以预测未来的种群规模了。基于此，他们还可以确定物种灭绝的风险。保育生物学家可以使用这种风险评估的结果来配置保育和恢复所需的资源。参见 Schultz, C. B. & Hammond, P. C. (2003), "Using population viability analysis to develop recovery criteria for endangered insects: Case study of the Fender's Blue butterfly"（《运用种群生存分析法来确定濒危昆虫的恢复指标：以伊卡爱灰蝶为研究案例》）, *Conservation Biology*（《保育生物学》）17: 1372－1385。

者交流受到的启发，谢丽尔把所有种群的最低个体数都定为1 000只。

经过20年的研究，谢丽尔把伊卡爱灰蝶的生物学特点整合到了保育领域，并用这种新的理论来指导种群恢复。她研究这些蝴蝶的行为，并以此修正现有恢复区和新建恢复区采用的方案。她也研究蝴蝶的种群动态，并将之和蜜源植物、寄主植物的分布联系起来。她还研究温室里饲育出的幼虫，因为它们将是未来的种源。①

2011年在巴斯基特斯劳保护区的那天，我们的重点是观察伊卡爱灰蝶的行为。在穿越保护区的途中，我们最终从一处林窗走出来，到了一片宽广开阔的草地。放眼望去，这是一片地势起伏平缓的原野。在这里，我们首次看到了谢丽尔研究蝴蝶种群和行为的方法。谢丽尔研究伊卡爱灰蝶的飞行行为，以了解和预估它们是怎样从一株植物飞到另一株植物，又是如何从一片草原飞到另一片草原的。这些研究将加深我们对栖息地恢复的理解。这里所说的栖息地，不仅涉及它们活动范围内的栖息地，还包括它们飞得到的邻近栖息地。谢丽尔的团队还发现，在更大的景观中，不适合伊卡爱灰蝶或金氏羽扇豆生存的林地和其他生境会阻碍它们的飞行。

因为那天没能见到伊卡爱灰蝶的成虫，我们只好用了一个叫作甜灰蝶（*Glaucopsyche lygdamus*）的近似种来开展试验。谢丽尔使用其中的一种方法已有20多年了。她用这种方法追踪过数千只蝴蝶的短距离飞行轨迹，这些轨迹以蝴蝶的停歇、转身或静栖为终点。每一段短轨迹都是蝴蝶飞行路径的一部分，而每一条路径常常包含十几二十段短轨迹。学生们追踪蝴蝶时，他们会在每一段轨迹的末端用细线系上一个标记。完成路径标记后，他们会记录每段轨迹的距离和方向。谢丽尔用来记录和管理数据的神器，居然是20世纪

---

① 有关伊卡爱灰蝶的研究和保育应当如何平衡的讨论，参见 Schultz, C. B. & Crone, E. E. (2015), "Using ecological theory to develop recovery criteria for an endangered butterfly"（《运用生态学理论构建濒危蝴蝶的恢复指标》）, *Journal of Applied Ecology*（《应用生态学报》）52: 1111－1115。

80年代产的坦迪牌掌上电脑。我一看到这种老古董就忍不住笑了起来，但也很快明白了谢丽尔用它的原因——小巧便携。使用坦迪电脑记录数据很简单：每当蝴蝶转身、停歇或取食的时候，学生们就按下按钮，这就为每个动作加了一个时间戳。这样的话，每位学生就可以一边盯着飞行的蝴蝶，一边轻松地记录数据。谢丽尔的硕士生，也是我后来的博士生埃丽卡·亨利给我讲过一个八卦：每年冬天，实验室都要把出了毛病的坦迪电脑打包送去加利福尼亚州请专人维修。现在，这位维修工都已经去世了，但实验室还在用这些电脑。

路径跟踪试验开始了，我们在试验场的一端放飞了甜灰蝶。我们追踪着，并沿途放下标记。数据采集的过程十分磨人，因为这些蝴蝶可能间隔很长时间才飞出几米远的距离。

谢丽尔带着她的学生和同事们用收集到的数据来判断伊卡爱灰蝶在有羽扇豆分布的区域内和区域间的活动情况。他们发现，伊卡爱灰蝶大部分时间都只在某一株羽扇豆上活动，这个范围的跨度通常只有几米。当它们决定离开时，通常会缓慢地飞行，并待在距离起点十几米的范围里。就这样，我们确定了在其栖息地开展恢复工作的理想范围。

当伊卡爱灰蝶进入陌生的（有潜在危险）区域时，它们的飞行能力会突然提升，扩散距离也常以公里来计算。它们会避开密林和没有羽扇豆的疏林地，径直向有羽扇豆的疏林地和草原进发。然而，密林并不能完全阻隔它们。谢丽尔的团队确定，两片羽扇豆种植区的间距应不超过2公里。这就是制定伊卡爱灰蝶恢复计划所需的数据。他们还以此确定了要征用和恢复的地块之间的距离，这些地块都在伊卡爱灰蝶的扩散范围之内。

另一项行为研究却揭示出一种违背常理的情况，蝴蝶可能会跑到条件不利的恢复区里。2011年，谢丽尔的硕士生莱斯利·罗斯梅尔（Leslie Rossmell）在威路克里克调查现有种群旁恢复区的情况。他发现，人工除草后，金氏羽扇豆大量开花，招来了蝴蝶成虫。

但是,相比最佳的地点,这里播种的金氏羽扇豆尚未长出足以养活幼虫的叶子。羽扇豆新开的花吸引了伊卡爱灰蝶,使他们离开附近的优质寄主,去往那里产下大量的卵。眼看着蝴蝶种群在恢复区里减少,我们感到十分崩溃。

想要让伊卡爱灰蝶在远处建立种群必须依靠引种。一种办法是在温室中人工饲育,但谢丽尔发现那很困难。我们无法在温室里模拟自然条件。当蝴蝶一生要经历酷暑到寒冬的变化时,情况更是不容乐观。谢丽尔用伊卡爱灰蝶的近亲来试验饲育技术,但她很快就停了下来。饲育出的蝴蝶比野外长成的要小,而个子小的蝴蝶体质很差。温室里饲育的蝴蝶,只有约一成能从卵活到成虫。然而,由于温室提供了无限的食物,并隔绝了捕食者,蝴蝶的存活率仍比自然状态下要高。一个折衷的办法可能是先恢复草原,然后像我们对艾地堇蛱蝶所做的那样,重新引入幼虫并使其在野外环境中成长。考虑到人工饲育的局限性,谢丽尔的团队转而考虑把幼虫直接引入恢复区的可行性。①

葬身火海?

伊卡爱灰蝶的学名 *Icaricia icarioides* 在某种程度上颇具先见之明。一些蝴蝶的学名表达着其形态或生境特征。这种蓝色的灰蝶则不然。就伊卡爱灰蝶而言,源于希腊神话人物伊卡洛斯②的学名隐喻着它与火的斗争。

---

① 参见 Schultz, C. B., Franco, A. M. & Crone, E. E. (2012),"Response of butterflies to structural and resource boundaries"(《蝴蝶对栖息地中结构与资源边界的响应》), *Journal of Animal Ecology*(《动物生态学报》) 81: 724 - 734。

② 伊卡洛斯是希腊神话中代达罗斯的儿子。代达罗斯是一位颇有造诣的建筑师和雕刻家,曾收其外甥塔洛斯为徒,但因嫉妒他的年少有为而将其杀死,他也因此被判有罪。逃亡中,代达罗斯意外到达地中海东部的克里特岛,并与当地女人育有一子,取名伊卡洛斯。为逃离克里特岛,代达罗斯收集各式羽毛,并用细线和蜡将它们做成翼,带领伊卡洛斯一起飞离。途中,伊卡洛斯因忘记父亲的劝告飞得太高,翼上的蜡被太阳融化而坠海丧生。埋葬伊卡洛斯的岛被称为伊卡利亚岛,位于爱琴海北部。——译者注

类似于其他稀有蝴蝶,谢丽尔等人在这项恢复工作中最重要的认识是,我们需要克服骨子里那个阻止生态系统发生干扰的本能。在我自己的研究中,我曾陷入执着于“温和”恢复法的迷局。我也屡次发现,陷入这种迷局的并不止我一个人。

恢复火烧对恢复伊卡爱灰蝶来说已迫在眉睫。此刻,伊卡爱灰蝶的保育进展已成为管理其他稀有蝴蝶的范式。与所有试图恢复干扰的案例一样,一旦要把火还给生态系统就会引起争议。太平洋西北岸的大草原得靠火来阻遏乔木、灌木和入侵物种。火没了,栖息地也没了。然而,火也会烧死在地面爬行的幼虫。把握好火烧的度十分关键,因为无论烧得太大或太小都会导致伊卡爱灰蝶灭绝。

伊卡爱灰蝶真是越打越成器。在巴斯基特斯劳保护区开展的研究表明,火烧的结果已经是利大于弊。谢丽尔的团队做了严谨的实验,她们烧了一部分区域,也保留了另一部未分经火烧的作为对照。对比发现,这两种处理的差异很明显。火烧改善了生境质量,进而促进了金氏羽扇豆的生长。这一改变使蝴蝶受益匪浅,雌蝶在刚烧过的区域里的产卵量平均翻了 5 倍。这些种群有了稳定的增长力,每只雌蝶都能产下约 350 粒卵。幼虫在金氏羽扇豆上取食,并在其附近或基部的枯枝落叶中越冬。

预测火烧造成的负面影响并不难。伊卡爱灰蝶在未经火烧的寄主植物上的存活率要高出 20 倍。最终,这种损失会被火烧后更加繁盛的寄主植物弥补上。塔夫茨大学的生物学家诺拉·沃乔拉发现了另一个益处。在火烧实验中,幼虫会在刚烧过的地方招募共生的蚂蚁。经历火烧后,伊卡爱灰蝶种群会先下降,但在随后的几年里又以更快的速度增长。在这种情况下,“恰到好处”指看似在短期内烧死了部分个体(火烧区内的幼虫),但从长远来看有利于整个种群的发展(火烧后的蝴蝶产卵量和羽扇豆生长量都会增加)。[1]

---

① 参见 Warchola, N., Bastianelli, C., Schultz, C. B. & Crone, E. E. (2015),“Fire increases ant-tending and survival of the Fender's Blue butterfly larvae”(《火烧提高了伊卡爱灰蝶的蚂蚁照护频率和生存率》), *Journal of Insect Conservation* (《昆虫保育学报》) 19: 1063 - 1073。

为了了解如何平衡这些得失，谢丽尔又与塔夫茨大学的伊丽莎白·克龙教授搭档了。此前，她们已在伊卡爱灰蝶的保育领域合作了多年。根据伊卡爱灰蝶的生存和繁殖指标，她们创建了蝴蝶种群增长模型。然后，她们使用这个模型来试验不同的火烧方案。他们用了两种方式：一是调节火烧面积所占的比率（从八分之一到二分之一），二是调节两次火烧的间隔时间（从一年到五年）。评估了各种组合之后，谢丽尔和伊丽莎白得出了两个结论。第一，现在烧过的栖息地可能不足；最好的火烧面积应在四分之一以上。第二，火烧的频率也远远不够，间隔两年以上更是如此。尽管两位科学家一道探索出的许多策略都有助于恢复伊卡爱灰蝶，但该模型将理想的火烧方案定为每年烧掉三分之一的栖息地。尽管我们并不想烧掉太多的伊卡爱灰蝶，但火烧的确能促进种群的增长。①

谢丽尔令我印象深刻的地方在于，她真的把理论研究落实到了恢复实践中。我问她：土地管理员按照你的意思去烧地了吗？她说，有的地方烧了，有的没烧。她传达给土地管理员的要点是烧掉三分之一的"优质栖息地"，而不是烧掉三分之一的面积。谢丽尔也曾教他们如何从蝴蝶的视角去辨别优质栖息地。在草原上，金氏羽扇豆并非到处都是，优质栖息地只是那些长有羽扇豆的小块草原。

由于管理得当，伊卡爱灰蝶的种群数量从2000年的3 000只左右增加到2016年的约2.9万只。种群数量在不同年份间的变化很大，其中2017年就跌落到只有1.3万只。② 专家们预计，受环境变化和土地管理不均的影响，种群数量会出现大幅波动。种群数量增长与更好的栖息地恢复方式有关，包括火烧、割草、清除入侵物种和种植蜜源植物的结合。我们还在努力调试出这些方法的最佳组合。

---

① 参见 Schultz, C. B. & Crone, E. E. (1998), "Burning prairie to restore butterfly habitat: A modeling approach to management tradeoffs for the Fender's Blue"(《火烧草原以恢复蝴蝶栖息地：伊卡艾灰蝶恢复管理中的权衡模型研究》), *Restoration Ecology*(《修复生态学》)6: 244-252。
② 数据由谢丽尔·舒尔茨于2018年8月18日提供给作者。

不过,伊卡爱灰蝶的种群正在向好发展。

在学习谢丽尔所用的干扰管理时,我发现她的管理建议可以推广到许多稀有蝴蝶的保育上。例如,另一种叫作尖螯灰蝶(*Strymon acis*)[①]的稀有蝴蝶,似乎也需要借用火烧来恢复。那是一种生活在大沼泽和佛罗里达群岛的银色小蝴蝶。2014 年,美国鱼类及野生动植物管理局将其列入了濒危物种名录。在残存的小片生境里,它的寄主植物也要依靠火烧来恢复。它的寄主是一种叫线叶巴豆(*Croton linearis*)的小灌丛,但很容易长成大灌木或小乔木。在群岛的度假区,由于担心殃及住房而禁止烧地。在大松岛上,我发现尖螯灰蝶的最佳生境并不是管护良好的地方,而是那些曾经失过火的露营地。对这种蝴蝶来说,火烧恢复法还刚刚起步:或许它的保育管理员可以从伊卡爱灰蝶的案例里学到几招。

鉴于能用于火烧、割草和种植的资源有限,我们必须不断优化伊卡爱灰蝶的恢复方案。利用计算机虚拟景观中建起的种群模型,谢丽尔的团队求解出了最佳的恢复点配置,用来指导她们征下哪块地来补充现有的栖息地。谢丽尔模拟的"生境"尺寸有大有小,彼此间或近或远。她的团队发现,无论离现有栖息地近还是远,大块的"生境"都很不错。另一方面,除非将小块"生境"与其他种群连通起来,否则就一定会出问题。这其中的关键在于,蝴蝶在恢复点间的扩散力取决于特定种群的素质。对于相隔甚远而无法通过扩散彼此交流的种群来说,其最小保育范围可能要大于 6 公顷。[②]

---

① 为尖螯灰蝶的佛罗里达亚种(ssp. *bartrami*),由威廉·科姆斯托克(W. P. Comstock)和厄尔文·亨廷顿(E. I. Huntington)于 1943 年在佛罗里达南部发现并命名。——译者注

② 参见 Schultz, C. B. & Crone, E. E. (2005),"Patch size and connectivity thresholds for butterfly habitat restoration"(《蝴蝶栖息地修复中的生境斑块和连通性阈值》), *Conservation Biology*(《保育生物学》)19: 887 – 896。

科研和各方利益

得益于谢丽尔和她同事们的研究，以及她与土地管理部门、州和联邦机构等各有关方面之间的交流，年景好的时候，伊卡爱灰蝶的种群数量达到过 2.9 万只。我们在研究和恢复伊卡爱灰蝶上的付出已经见效了。尽管它仍然少见，但通过恢复，它摘掉了最稀有蝴蝶的帽子。在恢复区，一次火烧的作用可以维持三年。照这个节奏，我们必须保持周期性的火烧以达到效果。谢丽尔的研究为我们提供了一个对恢复稀有蝴蝶有利的可持续方案。

经过这些年的研究和保育管理，伊卡爱灰蝶逐渐展现出了一丝顽强。回顾它 80 年的历史，它的种群数量一直在下降。由于 99% 的栖息地都已遭到破坏，它在被发现之初就已经很少见。在被发现后，它几乎是立即消失的。人们重新发现它以后，当时的过度开发和缺乏生态干扰仍在使栖息地不断退化，进而持续威胁着它的种群规模。

如今，情势得以扭转。在潜心研究、立法保护和积极保育的共同推动下，伊卡爱灰蝶的种群数量持续上升。这是致力于保育的科研工作者和土地管理员同心协力的结果。在撰写本章和本书的大部分时间里，我仍不确定伊卡爱灰蝶是否是世界上最稀有的蝴蝶。但至少在我看来，它有一股不认命的劲儿。精心设计的恢复方案使它的种群数量迅速回升。这项工作展示了恢复濒危蝴蝶和其他动植物的潜力，以及扭转全球性变化强加给它们的“运势”的可能。我从伊卡爱灰蝶的案例里学到的一点是，矢志不渝的研究和管理果真能够拯救稀有物种。这一乐观的现实鼓舞着我，让我看到了其他蝴蝶保育的希望。

伊卡爱灰蝶的成功恢复引出了一个新问题：如果没有持续的人为干预，它的种群恢复能否为继？目前，伊卡爱灰蝶完全依赖人工恢复。它的栖息地要依靠火烧来维护,若不是我们有意为之,火并不会自己烧到它的栖息地里。我觉得这种状况很难改变。为它建立能自我维持的种群是我们的宏愿,但要走到那一步还有许多工作要做。

2011年错过伊卡爱灰蝶的往事几乎成了我的心病。2016年,我重返俄勒冈州。和当年造成蝴蝶发生期推迟的湿冷春天相反,厄尔尼诺带来了高温天气。和北美的其他蝴蝶一样,伊卡爱灰蝶也提前了差不多两周羽化。我出行的时间刚刚好,恰逢伊卡爱灰蝶的发生高峰期。我到达巴斯基特斯劳高地的那天,暖阳和煦,很适合蝴蝶出飞。刚到几分钟,我就看到了第一只伊卡爱灰蝶。我在那里逛了一个钟头,又看到了十几只。当年想一睹伊卡爱灰蝶的梦想已经成真,还有更多惊喜等待我去发现。就在我给落在金氏羽扇豆上的伊卡爱灰蝶照相时,我的同事看见另一只落在了我的背上。又一种濒危蝴蝶成了我生活的一部分。

晶墨弄蝶

1978年,纽约美国自然历史博物馆的鳞翅学家埃里克·昆特(Eric Quinter)在北卡罗来纳州沿海的堰洲岛[①]上采集昆虫,他的主要采集对象是蛾类。在他探索大西洋海滩附近的沙丘时,他捉到了几只蝴蝶,并收入了他的藏品中。这些蝴蝶属于一个叫作弄蝶的类群。弄蝶体型很小,棕褐色至锈红色,以至于多数人在花园里见到它们时都将其误认成飞蛾。晶墨弄蝶不是飞蛾的特征包括:它们在白天飞行,停歇时翅膀在身体后方合起,以及专属于蝴蝶的特征——触角末端棒状而非羽毛状。然而,昆特并没觉得他捉到的蝴蝶不一般。

五年后,昆特向史密森学会的昆虫学家兼弄蝶专家约翰·伯恩斯(John Burns)展示了他的收藏。对方立刻发觉大西洋海滩标本不一样。是某个常见大陆种的变异?是新亚种?它们的不同能否构成新种?然而,有两个叫作紫晕墨弄蝶(*Atrytonopsis hianna*)和白带墨弄蝶(*A. loammi*)的近缘种很难鉴别,要回答上面的几个问题并不

---

① 堰洲岛是与主海岸走向大致平行的多脊的沙洲,一般长而狭窄,海拔很低。主要由来自河流的泥沙经洋流、潮汐流及沿岸流搬运后,再由波浪作用堆积而成。——译者注

容易。昆特采集到的弄蝶更是把这些问题搅得云里雾里,它的分类地位让科学家们头疼了十几年。[①]

昆特所采的蝴蝶迟迟定不了种,学者们和美国鱼类及野生动植物管理局只好给它起了一个神秘的临时名称:墨弄蝶新种一号(*Atrytonopsis* new species 1)。之所以起这么个名字,是因为它和近缘种明显不同。它的不同主要有以下四个方面。第一,它的地理分布和其他种是分离的。白带墨弄蝶在北卡罗来纳州以南的一些地方分布很窄,主要集中在佛罗里达州。尽管紫晕墨弄蝶在美国东部分布较广(包括北卡罗来纳州的陆地部分),但与新发现的种群之间隔了一条约 4.8 公里宽的河湾。第二,它的幼虫寄主植物不同。与紫晕墨弄蝶不同,新发现的种群不吃小裂稃草(*Schizachyrium scoparium*),那是一种只长在草原和休耕地里的常见杂草,但在沿海沙丘上很少见。新发现的弄蝶幼虫吃的是海岸裂稃草(*S. littorale*)。第三,其他两种弄蝶都是一年一代[②]的,而新发现的弄蝶却是一年两代。第四,新发现的弄蝶形态特征不一样。这三种弄蝶都是棕色的,但暗褐的底色上都有几个晶亮的白斑。最常见的紫晕墨弄蝶后翅只有一个小白斑,翅缘有雾状斑纹。白带墨弄蝶的后翅有成列的白斑,翅的基部靠近身体的地方有几个,较远的地方则是弧形的一列。相比之下,新发现的弄蝶在后翅和前翅上都有成列的大白斑(彩版图 5)。

上述特征能否确证大西洋海滩的弄蝶是一个新种?在 2000 年

---

① 从首次采获开始的晶墨弄蝶分类史见 Burns, J. M. (2015),“Speciation in an insular sand dune habitat: *Atrytonopsis* (Hesperiidae: Hesperiinae) — mainly from the southwestern United States and Mexico — off the North Carolina coast”(《墨弄蝶属在岛屿沙丘生境里的物种分化—— 主要见于从美国西南部到墨西哥的北卡罗来纳州离岸区域》),*Journal of the Lepidopterists' Society*(《鳞翅学会学报》) 69: 275 - 292;以及 Burns, J. M. (2000),“A striking new species of skipper butterfly on the North Carolina coast”(《北卡罗来纳州海岸惊现弄蝶新种》),51*st Annual Meeting of the Lepidopterists' Society*(《第 51 次鳞翅学会年会论文集》)(Wake Forest University, Winston-Salem, NC)。

② 指蝴蝶每年繁殖的次数。一年一代表示该种蝴蝶一年内只繁殖一次,若繁殖两次则称为一年两代;余类推。通常将一年三代及以上的统称为一年多代。—— 译者注

的一次会议上,伯恩斯用了翔实的阐述来论证。尽管如此,这一切并没有以学术论文的形式正式发表。在过去的30多年中,人们都习惯使用正式的物种名,但我很难理解这么费劲的事情。在这个过程中,我慢慢变成了一个热心的观众。我感到一丝焦虑,因为这种蝴蝶的分布区如此之小,种群数量又如此之低,无论是一个新种还是新亚种,它都会面临不小的威胁,亟待保护。

身份不明使这种弄蝶难以入围我的稀有蝴蝶之列。我所找寻的蝴蝶是有限制的。直观上看,"稀有蝴蝶"特指某个物种或亚种,个体数量少或分布区狭窄,但得在蝴蝶野外手册里有照片和描述。也许我应该早些意识到,有的物种可能还没有明确的分类地位。但无论如何,墨弄蝶新种一号都是罕见的。我忽然顿悟了:无常即机遇。如果它确实是一个新种或新亚种,我也可以在研究它的同时考虑这个问题。

那时,我的研究生艾莉森·莱德纳看到了这个机会。墨弄蝶新种一号很稀有,于是她把它作为博士论文的研究对象。[①] 在这种弄蝶的分类地位还没确定时,艾莉森就开始了她的研究。直到她的论文完成后,答案才浮出水面。不过,她确实有远见,意识到了墨弄蝶新种一号最终会是一个新种或新亚种。

在研究期间,艾莉森给这种弄蝶起了一个俗名,也注定了它的命运。与由分类学家提出,并经同行评审的学名不同,俗名是非正式的。每次向土地管理机构或饶有兴趣的海滩客解释我们要保护一种不知名的蝴蝶时,艾莉森都感觉十分头大。她决定把这种弄蝶的俗名与它的生活环境联系起来,那是一条紧邻水晶海岸,绵延约48公里的沙丘。艾莉森选择了"晶墨弄蝶"这个名字。除了和地名相关,这个俗名还描述了它棕色的翅上缀着的晶亮斑纹。由于晶墨

---

① 参见 Leidner, A. K. (2009), *Butterfly conservation in fragmented landscapes*(《景观破碎化背景下的蝴蝶保育》)(PhD diss., North Carolina State University, Raleigh), http://www.lib.ncsu.edu/resolver/1840.16/5140。

弄蝶的分类学研究一拖再拖,这个俗名反而变得广为人知了。

海滩之旅

分类学问题仍悬而未决,艾莉森却有了重要的进展,并成了保育工作的基础。这位 2005 年春招的新生开车带我到海边去找晶墨弄蝶,那是我和这种蝴蝶的第一次邂逅。听说能目睹这种稀有蝴蝶,并研究它所受到的威胁,我二话不说就出门了。我们从北卡的罗利市出发,往东南方开了 3 个小时的车,来到莫尔黑德市。在那儿,我们驶过了约 1.6 公里的大西洋海滩大桥,桥下便是博格湾。大桥的另一端,是大西洋海滩镇,穿过镇子就到了。那条约 48 公里堰洲岛的最东端,就是当初发现晶墨弄蝶的地方。这儿还是 1862 年美国内战的遗址,现在是占地 160 多公顷的梅肯堡州立公园。

我站在海岸边,向外环视一周,脑海里就浮现出游客络绎不绝漫步海滩的景象。在公园的南面,是一条约 2 公里长,近百米宽,铺满了细柔白沙的海滩。海滩缓缓地向远处延伸,慢慢地融进蔚蓝的大海。这么美的海滩,就在我的眼前。

我的身后是沙丘,沙丘后面就是晶墨弄蝶栖息地。它的寄主植物就长在离海滩最近的一个沙丘旁边(彩版图 6)。最佳的栖息地只有 45—137 米宽,一侧是沙滩,另一侧则是灌木和海岸树林。只要条件允许,保护范围可以尽量大,但蝴蝶的栖息地还是小得可怜。

海滩又美丽又舒服,但我跋涉着此生最艰巨的旅途。为了找晶墨弄蝶,我得沿着沙丘行走。我站在沙丘上,低头就能看见沙滩、海浪和人群。这些沙丘看上去人畜无害,走在上面却灼热难当。我感觉,沙丘上的温度远不止 35 摄氏度。虽然气温并不算高,但沙丘会把热量反射上来,形成烤箱的效果。我觉得整个人都快被烤熟了。

除了高温,四周的环境也让我难上加难。每当我说我研究蝴蝶的时候,人们总会这样联想——一个拿着网兜的人在旷野上飞奔。

可惜，我在沙丘上根本跑不起来。沙丘的表面有点像草皮，看起来还颇有几分田园风。虽然沙丘高还不到 10 米，但起伏很大。要在上面观察和捕捉神出鬼没的弄蝶，我就得来来回回，深一脚浅一脚地跑，没多久就累瘫了。除了辛劳，还有危险。时不时地，我就会觉得小腿阵阵刺痛。万万没有想到，在我奔跑时，沙丘仙人掌（*Opuntia pusilla*）卡进了我的鞋底，并被整片地拽了下来。我往前跑的时候，脚跟甩起的长刺就扎进了我的小腿肚。我专心致志地追着蝴蝶，全然没有去想这事儿。直到停下来才发现，我竟然中了植物的“暗器”。

对晶墨弄蝶的执着再次证明了我的天性：我不仅耐得住寂寞，还耐得住险境。每开启一次找寻之旅，我就愈发肯定自己的天性。只要能推动科学进步和自然保育，我都乐意去。无论去哪里，有多艰苦，我都会干得乐此不疲。对于稀有的东西，我总是兴致盎然，正是如此，我才满怀热情地开启了寻找晶墨弄蝶的旅途。

毫不夸张地说，第一只晶墨弄蝶出现的时候，我啥也没看清。艾莉森激动地指向一只飞着的晶墨弄蝶，我却什么也没看见。我顺着艾莉森的目光瞪大了眼睛时，她又指着另一只了。这次，我看见一只褐色的虫子从植物里窜出来，闪电般地飞过约 60 厘米高的草丛，然后往沙丘上飞去了。我得想个法子看清楚它们。这些棕色的弄蝶喜欢停在草叶或沙子上，一旦受到惊扰，它们嗡地一下就飞走了。终于，艾莉森找到了一只停歇着的晶墨弄蝶。我蹑手蹑脚地溜过去，却只看到一只相貌平平的蝴蝶。即便如此，我也心满意足了。

我这次见到晶墨弄蝶的地方，叫做梅肯堡州立公园，是分布区的最东端。从公园的西侧望去，密密麻麻的海滨度假区散布在西南方的栖息地里。这些度假区一直延伸到栖息地的另一端——熊岛。熊岛属于汉默克海滩州立公园，与翡翠岛之间只隔着博格小湾。熊岛有 360 多公顷，是梅肯堡州立公园的两倍。它偏远而荒凉，乘船穿过小湾就到了。岛上只建有澡堂、小吃摊、岗哨和管理楼。要在岛上过夜,就得自带帐篷和睡垫。正是如此,熊岛成了北卡乃至整个东海岸最美丽的堰洲岛。目前,它是晶墨弄蝶最安全、最原生态的栖息地。

即便在这里,我也很难找到晶墨弄蝶,但我的孩子们运气更好。我把我的家人“混在”艾莉森和一群本科生里带上了熊岛。我研究蝴蝶的时候,他们就在海滩上度假。他们沿着一条沙石小径横穿熊岛到了海滩,我则是顺着海滩,沿着与他们垂直的方向爬了十几公里的沙丘。其间,我们不时会遇上。有一次我们碰面时,六岁的女儿海伦大喊:“爸爸,我抓到了一只蝴蝶。”我笑着配合她,却发现海伦神情严肃,三岁的儿子欧文则指着海伦的泳装。我看过去,只见鲜艳的印花泳衣招来了一只晶墨弄蝶,它伸着长喙,想要从泳衣上的花朵里吸蜜。在欧文和海伦看来,晶墨弄蝶并不稀奇。

所剩无几的栖息地

比起两个公园,在约 48 公里的分布区里,很多栖息地已经严重退化。造成栖息地丧失的原因主要有三个。首先就是沙丘固定。自然状态下,沙丘会移动。沙粒在堰洲岛的一端堆起,又从另一端流走。沙丘移动的过程塑造着栖息地,因为海岸裂稃草和其他本地植物要长在新的生境里。沙丘的移动会带走长满灌木和小乔木不适合蝴蝶栖息的旧生境。这种变化对晶墨弄蝶和野生动植物有利。然而,移动的沙丘却对建设房屋和道路不利。此外,随着沙丘的移动,入海口的位置也在变,这也会对桥梁和航道产生不利影响。为了固定沙丘,人们花了很大力气。久而久之,适合晶墨弄蝶生存的沙丘就少了。沙丘一旦被固定,就很难再恢复原状。

造成栖息地退化的另外两个原因,是开发建设和外来植物入侵。和沙丘固定比起来,这些倒是比较容易对付。密密麻麻的度假区铺满了两个公园之间的区域,也造成了晶墨弄蝶的衰退。度假区里有一段 800 多米长的萨尔特步道,那里的环境要好很多。但就算如此,栖息地的质量也不尽人意。我在萨尔特步道边的沙丘上调查时,会偶尔经过从保护区里的房子通向海滩的小径。这些小径彼此连通,交织如网,大概每座与公园相邻的房子都连着一条。小径的两侧长满了各种入侵植物,干扰越严重的地方,它们长得越茂盛。在有的地方,它们甚至盖过了海岸裂稃草和其他本地植物。

两个公园之间的区域,是晶墨弄蝶活下去的希望。第一次踏上这片堰洲岛时,我就自动忽略了公园外的区域,因为我在海景房之间找不到任何空间。后来,艾莉森带我去了几处夹在度假屋周围的小空地。没想到,她竟能在那儿找到晶墨弄蝶。这些空地就足以养活一些寄主植物和几个种群了。

我和艾莉森都在琢磨:将海景房建在沙丘后面将会如何?尽管沙滩客们可能不情愿,却对蝴蝶有利。目前的海景房虽然很方便,在里面翻个身就能滚到沙滩上,但对蝴蝶确实没什么好处。

我在此行中感悟到:人和蝴蝶是可以共存的。如果把房屋退到沙丘后面,也可以少受飓风的危害。在大西洋南岸,每年 6 月到 10 月都有很多飓风。那些建在海滩上,没有沙丘或植物遮挡的房屋最危险。与南边的大西洋和墨西哥湾沿岸相比(曾受超级飓风安德鲁和卡特里娜的侵袭),北卡的风暴要温和得多。然而,我在北卡生活的 20 年里,也经历了几次颇为厉害的飓风,比如弗洛伊德、马修、佛罗伦萨等。飓风到来时,暴露在外的房屋常被夷为平地。长满植物的沙丘不仅对蝴蝶有益,对沙滩客们也有好处。艾莉森等人也与业主和城市规划管理部门达成一致,蝴蝶保育是优化房屋选址带来的生态效益。

对蝴蝶不利的人类活动依然存在。为了美化庭院,人们会种上自己喜欢的植物。然而,人们种下的多数植物对于堰洲岛、北卡乃至美国东南部来说都是外来种。想要开阔的草坪,人们就种草地早熟禾(*Poa pratensis*);想要固沙,人们就种白背蔓荆(*Vitex rotundifolia*)这样的木质藤本植物。外来植物长得太快了,很快就抑制了本土植物,挤占了海岸裂稃草和晶墨弄蝶的生存空间。

然而,一种新的景观设计可以扭转这种局面。在度假屋周围残存的原生植被里,我的确见到了晶墨弄蝶。在后院里,当艾莉森把晶墨弄蝶指给我看时,我仿佛看见了希望。这里远离沙丘,和海滩之间隔了三排房屋,却保留了晶墨弄蝶需要的原生植被。如果晶墨弄蝶能在后院里活下来,那么合理的景观设计就能让它们在更广阔的天地里生生不息。

保育科学的进步

一想到遍地的外来植物,我就感到希望渺茫,但艾莉森乐观得很。她想了个法子来了解晶墨弄蝶的生态学特性,并以此来改善保育成效。她集成了不同的技术,用来解决城市化对晶墨弄蝶造成的威胁。如果人们的后院或海滩边有优质栖息地,我们能否越过成片的度假屋,把晶墨弄蝶从公园里“搬”过来呢?

首先,艾莉森用了一种经典方法来追踪蝴蝶的活动。她要用锐意记号笔给每只蝴蝶的翅膀做上记号。① 这事儿听起来简单,却难如登天,光是捉蝴蝶就把我难住了。我喜欢稀罕的东西,喜欢挑战,也喜欢重复干一件事,于是我以为我会喜欢捉蝴蝶和做标记。与其他好捉的稀有蝴蝶——如米氏环眼蝶或斑凯灰蝶——相比,晶墨弄蝶简直难捉到要命的地步。一旦发现目标,我就得在沙丘上来回追那团忽隐忽现的棕色,一边跑着,一边盯着。晶墨弄蝶飞得很快,没有点儿稳准狠的技术可不行。

接下来,我会把那只弱小的蝴蝶从网中取出来,轻轻地捏在手上做记号,同时还不能把翅膀弄坏。这个过程让人紧张得不行。即

---

① 该方法即生态学上调查种群规模和动态常用的标记重捕法。——译者注

使在网里,晶墨弄蝶也会不停地扑腾。在操作时,我既不能捏伤它,又不能让它跑掉。就这样,我捉到一只,标记一只。在后面的几天里,我们就着重去捉带有标记的蝴蝶,然后分辨它们是否还在当初被捉到的地方。有了数据,艾莉森就能反推出每只蝴蝶是在何时何地被标记的,之后它活了多久,又移动了多远。最重要的是,通过记录蝴蝶的标记和重捕位置,她可以确定两点间的直线路径,然后绘制出贯穿沙丘、林地和建筑区的迁移路径。

艾莉森分析了几片相距约 360 米的栖息地,她发现,在被长草的沙丘隔开的栖息地之间移动的蝴蝶数量,是那些被房屋隔开的栖息地之间的蝴蝶数量的 3 倍。在观察到的蝴蝶里,有些的飞行距离很短,而另一些则飞得较远。从统计学的角度看,这些结果没什么差异。然而,重要的是,我们发现晶墨弄蝶能够飞越建筑群,它们的种群仍保持着联系。即便少数种群因自然或人为干扰消失了,其他区域仍能成为种源。这就让我们能在保育工作中充分发挥集合种群的效用(见第二章)。较小范围内的生境恢复,也足以建立起新的晶墨弄蝶种群。

利用标记重捕数据,艾莉森追踪着晶墨弄蝶在自然和城镇景观中的迁移路径,估算除了晶墨弄蝶的种群规模。如她所言,这种稀有蝴蝶在当地很常见。在四月或六月的发生高峰期,人们很容易在公园里见到它们。能在如此恶劣的环境里活下来的蝴蝶并不多,因此把其他蝴蝶错认为晶墨弄蝶的概率几乎为零。

艾莉森发现,熊岛上大约有 6 000 只晶墨弄蝶,梅肯堡也差不多有 4 000 只。这两个种群占了绝大部分。我们可以大胆地假设,晶墨弄蝶的种群数量大概在 1 万只。在监测种群数的变化趋势时,这个数字就有参考价值了。保护地为种群提供了良好的环境,通过监测种群数量变动,我们就可以判断栖息地保护是否有利于种群增长。

标记重捕法只能解决几百米内的问题,艾莉森还得用其他技术来分析相隔更远的种群间的关联,以发现远距离扩散的证据。[①] 可能早在数十年前,海滨开发导致栖息地破碎化的时候,远距离扩散就已经开始了。为实现这一目的,艾莉森选用了群体遗传学的分析方法。通过评估不同时期群体间的DNA变化,她就可以判断这些种群之间的分隔程度。如果种群之间是彼此隔离的,那么它们的遗传差异就会比较大。反过来,较大的遗传相似性则表明种群能够彼此扩散迁移。根据这个原理,艾莉森采集了晶墨弄蝶的样本,通过实验分析其种群遗传相似性,并做出相应的判断。

艾莉森出乎意料地发现,度假屋造成的"隔离"根本挡不住晶墨弄蝶,但入海口和海岸林地成了真正的阻隔。这一发现为我们的工作指出了新的方向。结合标记重捕的研究结果,艾莉森发现:只要岛上散布着足够的栖息地,晶墨弄蝶就多少能与海滨开发共存。我俩意识到,只要栖息地尚存,人就可以和稀有蝴蝶和谐共处。艾莉森的研究成果成了我们下一步工作的指导。[②]

扭转危机

作为一种活在度假胜地里的稀有蝴蝶,晶墨弄蝶称得上十分顽强了。公园里的两片栖息地养育了足够的种群,并成了那些受到人

---

① 艾莉森·莱德纳发明了一种三管齐下的方法,可以用来全面了解碎片化景观中的晶墨弄蝶种群。她用行为学方法来研究晶墨弄蝶是否会冒险飞到栖息地以外的区域。如果蝴蝶不会离开栖息地,就需要景观走廊来连接不同的栖息地。然后,她使用标记重捕法来研究有多少个体会在小片栖息地之间迁移。最后,她用分子生物学的方法来研究迁移个体是否在新的栖息地里建立了种群。如果蝴蝶可以穿越破碎化的景观并建立新的种群,那么中转栖息地将会对保育起到促进作用。详见 Leidner, A. K. & Haddad, N. M. (2011), "Combining measures of dispersal to identify conservation strategies in fragmented landscapes"(《结合种群扩散方法确定碎片化景观中的保育策略》), *Conservation Biology* (《保育生物学》) 25: 1022-1031。

② 参见 Leidner, A. K. & Haddad, N. M. (2006), "Behavior of a rare butterfly in natural and urbanized areas: Implications for dune conservation management"(《一种稀有蝴蝶在自然和城镇化区域中的行为:给滨海沙丘的保育管理建议》), Report to North Carolina Sea Grant, Raleigh。参见 Leidner, A. K. & Haddad, N. M. (2010), "Natural, not urban, barriers define population structure for a coastal endemic butterfly"(《塑造海滨特有蝴蝶的种群结构的因素是自然屏障而非人造地表屏障》), *Conservation Genetics* (《保育遗传学》) 11: 2311-2320。

类干扰的区域的种源，这对保育来说意义深远。然而，这两片栖息地并非安全无虞。即使有成千上万的个体，晶墨弄蝶的种群规模依然十分有限，而小种群更容易走向灭绝。栖息地的一丁点儿变化就可能会摧毁它们，多变的环境会降低它们的繁殖能力和存活率，近交和变异会降低种群遗传多样性，而飓风等灾害又总在头顶徘徊。晶墨弄蝶捱过了海滨开发、沙丘固定和恶劣气候的苦难，却不一定能撑得过这些考验。

要恢复晶墨弄蝶，我们必须扩大它的分布范围。通过研究，艾莉森制定了实施方案。博格岛是晶墨弄蝶分布区里最长的一个，正在热火朝天地建设着。要在博格岛增加蝴蝶种群数量，唯一的方法是让人们来参与低成本的种群保育和生态修复活动，海滩度假屋前的沙丘就很适合。这些活动包括：种植海岸裂稃草，清除入侵植物，以及减少人对沙丘的干扰。为了实现目标，艾莉森会先在度假屋附近开展宣传教育，然后再实施恢复措施，以恢复这里的晶墨弄蝶种群。

最有恢复潜力的区域并不在两片现有的栖息地之间。在博格岛的东面，有一个名叫沙克福德的无人岛，可能曾经有过晶墨弄蝶。这个岛属于卢考特角国家海滨公园，长约 14.5 公里，也生长着海岸裂稃草。然而，岛上还有大约 100 只野马[①]。这些野马的祖先，是 16 世纪引进的家马，至于它们后来怎么上的岛，没人知道答案。这些野马不是本地物种，却有重要文化象征，因而受到保护。人们十分喜爱这些马，一直不计得失地养着它们，却牺牲了岛上的环境。

艾莉森做了个实验，她在岛上建了几片试验区，把野马隔在外面。对比后发现，野马专吃海岸裂稃草，常常把一片草地啃得精光，晶墨弄蝶自然也就活不了了。

---

① 原著为 feral horse，意为人工圈养后逃逸或放野的马匹，并非自然野生的马。——译者注

野马一时半会儿不会离开,但我们仍有机会。最直接的做法,是把一部分草地用栅栏围起来,然后静待晶墨弄蝶从博格岛飞过来。另外一个办法,就是人为引进晶墨弄蝶来促进种群增长。

在熊岛的西边,布朗岛也是一处不错的选择。布朗岛在美国海军陆战队列尊营的岸边。陆战队隔着布朗岛从海上向陆地射击。由于是实弹训练,军方禁止外人上岛,因此这里一直没有晶墨弄蝶的记录。与米氏环眼蝶、艾地堇蛱蝶[①]和某些稀有蝴蝶一样,晶墨弄蝶也可能会在军事禁区里得到安生。

据我对其他稀有蝴蝶的观察,实弹训练并不会伤害到晶墨弄蝶。相反,由于外人无法进入训练场,蝴蝶可能活得更好。但是,由于平民不得进入训练场,我们无法研究那里的蝴蝶,这的确是个问题。如果艾莉森或其他人在布朗岛上发现了晶墨弄蝶,那么有它分布的岛屿总面积将增加50%。我一遍又一遍地看着航拍图,找着优质的栖息地。长满灌木和乔木的海滩肯定不适宜,而一些看起来似乎是长着草的带状沙丘倒是十分吻合。考虑到那里有海岸裂稃草,我们几乎可以肯定晶墨弄蝶也在布朗岛上。

前景堪忧

从长远看,即使有减缓开发和恢复栖息地两大保育策略,我仍然为晶墨弄蝶的前景捏着一把汗。

有一种威胁是人们无力对抗的,那就是海平面上升。[②] 海滨可是低海拔区域呀！只是粗略估计一下的话,我可以用20世纪的趋

---

① 此处为艾地堇蛱蝶西加亚种 *Euphydryas editha taylori*,分布于加拿大西部的不列颠哥伦比亚省。——译者注

② 参见 Hay, C. C., Morrow, E., Kopp, R. E. & Mitrovica, J. X. (2015), "Probabilistic reanalysis of twentieth-century sea-level rise"(《20世纪海平面上升的概率再分析》), *Nature*(《自然》) 517: 481－484。参见 Kopp, R. E., Horton, B. P., Kemp, A. C. & Tebaldi C. (2015), "Past and future sea-level rise along the coast of North Carolina, USA"(《美国北卡罗来纳州沿岸过去和未来的海平面上升》), *Climatic Change*(《气候变化》)132: 693－707。

势来预测未来海平面上升的幅度。那一时期，北卡沿岸的海平面上升了约30厘米。到21世纪末，海平面又将升高约30厘米。2015年的最新预测显示，未来的势头更不容乐观。自1990年以来，全球海平面上升的速率是20世纪的3倍。伴随着持续的全球变暖、冰川融化和海水热膨胀，这个速度可能会更快。如果海平面上升45—90厘米，晶墨弄蝶生活的堰洲岛将会缩小。在同等情形下，熊岛比梅肯堡州立公园更危险。就算全世界马上开始减碳，照现在的情形，堰洲岛栖息地和晶墨弄蝶种群丧失也已成定局。[①]

在海平面上升的情形下，我们还可以这样来挽救快被淹死的晶墨弄蝶和其他稀有蝴蝶（如斑凯灰蝶），那就是将它们迁到内陆去。有计划的迁地保育会把晶墨弄蝶从当前栖息地中搬出来，并移入适宜它们生存繁衍的区域。光是给它们换个地方可不成，得找到合适的生境才行——恢复栖息地，并种上足够的海岸裂稃草。海岸裂稃草要依靠海浪来繁殖，我们很难保证其种群能在新生境里延续。此外，保育计划还必须得到社会的认同，要人们把自家地皮腾出来给蝴蝶并非易事。[②]

无论是晶墨弄蝶，还是其他物种，一旦涉及迁地保育的问题，我就会十分纠结。我一直在寻找一种有效的保育方法，但能实现迁地保育的物种太少了。人们或许更愿意用它来拯救一些好看的哺乳类、鸟类或开花植物，至多愿意拿几种蝴蝶来试试。然而，迁地保育是无法将一整个生态系统都搬走的。纠结了十年以后，我慢慢能接受把迁地保育用在那些深受海平面上升困扰的物种上了。尽管这

---

① 参见"Surging Seas Risk Finder, North Carolina, USA"(《美国北卡罗来纳州汹涌的海洋风险发现者》), Surging Seas/Climate Central, riskfinder. climatecentral. org/state/north-carolina. us, accessed on Sept. 10, 2018。

② 有计划的迁地保育（或引种），也被称为"协助迁移"，有关其实用性、合法性和伦理道德的讨论，参见 Schwartz, M. W., Hellmann, J. J., McLachlan, J. M., et al. (2012), "Managed relocation: Integrating the science, regulatory, and ethical challenge"(《管理迁地保育：科学、监管和伦理的挑战》), *Bio Science* (《生物科学》) 62: 732-743；以及 Hoegh-Guldberg, O., Hughes, L., McIntyre, S., et al. (2008), "Assisted colonization and rapid climate change"(《定植和快速气候变化》), *Science* (《科学》) 321: 345-346。

个方法在其他物种上奏效了(见第五章斑凯灰蝶),我仍不确定它是否适合晶墨弄蝶。

名正而言顺

2009年,艾莉森完成了她的学位论文,然后去美国国家航空航天局工作了。2015年,约翰·伯恩斯给她打电话,说他终于给晶墨弄蝶取了一个学名——*Atrytonopsis quinteri*,这个物种名是为了纪念它的发现者埃里克·昆特。伯恩斯系统地分析了这类蝴蝶的翅色、斑纹、解剖结构和习性等信息,并对比了它的近缘种。他发现,晶墨弄蝶的取食习性、年世代数和地理分布都不同于其他种。通过深入的形态学分析,我们发现晶墨弄蝶的翅色更灰暗,并长有更多斑点,它的卵还具有独特橙色条纹。最终,世界弄蝶专家伯恩斯确定了它是新种。[①]

在此之前,不为人知的晶墨弄蝶再次唤起了人们对未知物种的关注——它们很可能消逝在与我们相遇之前。晶墨弄蝶的学名,不仅是顶级分类学家刻苦钻研的成果,也是一位研究生坚持不懈的果实——她从未想过自己会坚持这么久。正是他们的努力,人们才更深刻地认识到了保护生物多样性的意义。

艾莉森发现,在海平面上升造成灾难之前,人们可以在房前屋后做保育。但要达到这一目标,不仅我们要做保育科研,当地人也要接受保育理念。艾莉森一直在倾尽所能地繁殖海岸裂稃草,并鼓励当地人在后院或恢复区里种植。从长远看,保育和恢复晶墨弄蝶必须以修复海滩栖息地为前提。尽管这需要时间,但我乐观地认为,只要克服了眼前的困难,它就能实现。

---

① 参见 Burns, J. M. (2015),"Speciation in an insular sand dune habitat: *Atrytonopsis* (Hesperiidae: Hesperiinae) — mainly from the southwestern United States and Mexico — off the North Carolina coast"(《墨弄蝶属在岛屿沙丘生境里的物种分化——主要见于从美国西南部到墨西哥的北卡罗来纳州离岸区域》), *Journal of the Lepidopterists' Society*(《鳞翅学会学报》) 69: 275 – 292。

晶墨弄蝶并不是最稀有的蝴蝶。不过，我认为这个仅有大约1万个个体，且只生活于一小片狭窄堰洲岛的物种仍然值得保育。在我寻找稀有蝴蝶的旅途中，我发现有些种类的数量远比它要少得多。

第五章

斑凯灰蝶

1916年，英国昆虫学家乔治·贝休恩-贝克（George Bethune-Baker）主攻加勒比地区的蝴蝶的分类研究，他的研究对象属于同一个亚科，包含若干个属，它们的俗名都叫“小蓝蝶”。[①] 在我眼里，这类蝴蝶非常相似，难以区分。我觉得乔治简直是在啃一块硬骨头。这类蝴蝶的翅膀背面是蓝色的，腹面则是灰白色，点缀着一些灰色斑纹（如第三章的伊卡爱灰蝶和第八章的霾灰蝶）。乍一看，同一个区域里的白细灰蝶（*Leptotes cassius*）、褐灰蝶（*Hemiargus ceraunus*）或蓝凯灰蝶（*Cyclargus ammon*）都很像斑凯灰蝶。为了区分它们，我用显微镜仔细观察了它们翅膀的腹面（它们翅膀闭合在背上露出的那一面）几处不同的斑纹。很快，我就找到了斑凯灰蝶的关键特征。它的后翅有四个黑点（彩版图7），其中的三个呈直线排列，距离身体很近，而第四个则明显向外面偏移。斑凯灰蝶的后翅边缘附近还

① 在英文中，blues通常指眼灰蝶亚科（*Polyommatinae*）的多个属，现在的分类系统已经证实这些属之间并非严格意义上的亲缘关系。由于缺乏特定的名称，译者根据其形态和涵义将其译为“小蓝蝶”。——译者注。参见Bethune-Baker, G. T. (1916), “Note on the genus *Hemiargus* Hübner in Dyle's list (Lep.)”（《戴尔名录里的褐灰蝶属物种评述》），*Entomological News*（《昆虫学信息》）27: 449-457。

有一条独特的白带。有些小蓝蝶之间的差异很微妙，在贝休恩-贝克那个时代，人们没有分子生物学的方法来分析这些差异。他在做加勒比海小蓝蝶的分类工作时，曾把一个标本误认为古巴的蓝凯灰蝶。那个标本恰巧就是斑凯灰蝶。

贝休恩-贝克没有将那个小蓝蝶发表为新种。在研究这类蝴蝶近30年后，美国自然历史博物馆的昆虫学家威廉·科姆斯托克根据翅膀的形状和颜色，对整个类群展开了分类修订。他把这种不为人知的蝴蝶命名为 *Hemiargus ammon bethunebakeri*。此后不久，著名小说家、鳞翅学家弗拉基米尔·纳博科夫（Vladimir Nabokov）[1]研究了生殖器结构（蝴蝶分类的标准做法），重新厘定了这种蝴蝶和它的相似种，并将它的学名定为 *Cyclargus thomasi bethunebakeri*。昆虫学家亚历山大·克洛茨（Alexander Klots）曾打趣道："佛罗里达类群多样而复杂，光那一大堆学名就足够让一个昆虫学老手胆寒。"[2]

从1916年贝休恩-贝克发现它，到20世纪七八十年代，斑凯灰蝶在整个佛罗里达州南部都很常见。它就像蝴蝶里的"杂草"，在道路或篱笆周围的灌丛里随处可见。佛罗里达大学麦圭尔鳞翅目与生物多样性中心的贾里特·丹尼尔斯教授回忆，他在80年代曾见过它的幼虫从寄主刺果苏木（*Caesalpinia bonduc*）上接二连三往下掉的场景。那时，斑凯灰蝶多到了让蝴蝶专家和收藏家都"视而不见"的地步。

斑凯灰蝶的栖息地在迈阿密。半个世纪前，栖息地曾遍布佛罗里达州的南海岸。它的分布区呈"U"形，往北到了迈阿密以北约480公里处，往东到了东海岸的代托纳海滩，往西则延伸到圣彼得斯堡。尽管分布区很宽，其种群集中的地带仍主要在迈阿密和极少

---

① 关于纳博科夫对蝴蝶分类学贡献的介绍，包括用于定种的精美绘图，以及他所做的科研与文学创作之间的联系，见 Blackwell, S. H. & Johnson, K. (2016), *Fine Line: Vladmir Nabokov's Scientific Art*（《精细的墨线：弗拉基米尔·纳博科夫的科学艺术》）(New Haven, CT: Yale University Press)。

② 参见 Klots, A. B. (1951), *A Field Guide to the Butterflies of North America, East of the Great Plains*（《北美大平原东部蝴蝶野外辨识手册》）(Boston: Houghton Mifflin Company)。

数南部区域。

佛罗里达南部的物种都比较稀有,地理环境是造成这个现象的因素之一。约640公里的半岛南端,是全美唯一一片热带阔叶林。这片森林三面临海,北面就是它的边缘。在这个狭窄的区域内,全年的高温和季节性降雨相结合,养育了一群独特的蝴蝶。当南下的人群占据了栖息地时,这些蝴蝶便无处安身了。蝴蝶被困在破碎的小片栖息地里,只要人类稍有动作,它们的数量就会大幅减少。

我还记得第一次乘飞机去迈阿密的情景。当飞机还在万米高空时,地面的风光就已深深吸引了我。城市东面临着大西洋,西面是一望无垠的佛罗里达大沼泽。迈阿密城南北长约160公里,占地约260平方公里。看到这些,我立刻就想到了斑凯灰蝶减少的原因。但无论如何,斑凯灰蝶是遍布整个佛罗里达南部的,它的栖息地不但在城市里,也在荒野中。在20世纪的大部分时间里,斑凯灰蝶的数量都很多。

莫名的衰退

长期以来,斑凯灰蝶的衰退都是个谜团。从20世纪70年代中期开始,它的分布区就缩小到了佛罗里达南部边缘。到了80年代,它的栖息地就成了八个分散的点,包括佛罗里达东部和西部的离岛、大沼泽国家公园和佛罗里达群岛。在这些地点,即使种群看似安全无虞,其迅速衰退的势头仍难以遏制。在这些地点,我们最后一次见到它的时间分别是:1990年在萨尼贝尔岛西侧,1991年在迈阿密南部的麦瑟逊森林公园,1991年在拉戈岛,1992年在大松岛。回顾这一系列事件,我们似乎可以看到,在1992年之前,佛罗里达州南部就已经发生了某种剧变。

到了1992年,斑凯灰蝶就只剩下一个种群了。这个种群在佛罗里达州最南端东海岸的亚当斯岛上。它们在那里还面临着一个威胁——飓风。1992年8月24日,史上最强(也是损失最重)的安德鲁飓风袭击了佛罗里达州南部。飓风在比斯坎湾国家公园登陆,这个公园位于埃略特岛,就在亚当斯岛的北面。它的持续风速达到了每小时约235公里,阵风更是为每小时约264公里。飓风带来了灾难。在迈阿密的戴德县,超过12.5万所房屋被毁了,约16万人流离失所,经济损失大约270亿美元。[①]

人们曾一度认为,是飓风使当地的斑凯灰蝶绝迹了。没人清楚飓风对蝴蝶有什么影响。强风可能卷走成虫,可能掀落幼虫,也可能把寄主植物连根拔起。美国历史上,比安德鲁更强的只有1935年的劳动节飓风。那次飓风过后,当地的阿里芷凤蝶就绝迹了。佛罗里达州南部正好在飓风的路径上,因此,飓风对这里的稀有蝴蝶来说并不陌生。

我常想,稀有蝴蝶要怎样捱过狂风的袭击。局地而言,飓风带来的影响可能是毁灭性的。但某个物种能否延续的关键,是附近受灾较轻的种群能否输入新的个体。蝴蝶会在一定范围内遭受灭顶之灾,但在其他地方依然欣欣向荣。这就是我们在第二章中谈过的集合种群。然而,亚当斯岛上的斑凯灰蝶是孤立无援的。[②]

科学家们仍十分不解,究竟是什么原因,使斑凯灰蝶在安德鲁飓风之前就衰退了。为探究一二,佛罗里达新学院的埃米莉·萨里宁(Emily Saarinen)检视了馆藏标本。[③] 标本的标签上写有采集日

---

① 美国国家海洋和大气管理局国家环境信息中心的官方估计参见 NOAA Centers for Environmental Information (2018), "U. S. Billion-Dollar Weather and Climate Disasters, 1980–2018"(《1980—2018年美国的天气和气象大灾》), www. ncdc. noaa. gov/billions/events. pdf, accessed on Sept. 10, 2018。

② 参见 Calhoun, J. V., Slotten, J. R. & Salvato, M. H. (2000), "The rise and fall of tropical blues in Florida: *Cyclargus ammon and Cyclargus thomasi bethunebakeri* (Lepidoptera: Lycaenidae)"(《佛罗里达热带区蓝凯灰蝶和斑凯灰蝶的种群数量变化》), *Holarctic Lepidoptera* (《全北区鳞翅目》)7: 13–20。

③ 除了统计分布范围,馆藏标本还为研究斑凯灰蝶的遗传多样性提供了材料。参见 Saarinen, E. V. & Daniels, J. C. (2012), "Using museum specimens to assess historical distribution and genetic diversity in an endangered butterfly"(《利用馆藏标本评估濒危蝴蝶的历史分布区和遗传多样性》), *Animal Biology* (《动物生物学》)62: 337–350。

期和地点。通过检视，萨里宁发现了一个惊人的规律，它能解释斑凯灰蝶的时空分布规律，以及导致衰退的某些因素。采用视觉叙事法[①]，她重建了佛罗里达州南部景观变迁，并把800多个标本对应到了3个时段当中。第一批标本出现于30年前的“开拓时代”，它标志着迈阿密和佛罗里达州南部的开发早期，当时的人口约有50万。多数标本都是这个时期在迈阿密附近采集到的。[②]

随着人口超过200万，第二个阶段也随之到来，并一直持续到70年代。此间的标本仍然以迈阿密为中心，但已开始向南北两端延伸了。当人口突破500万以后，迈阿密迎来了全球化时代。不断扩张的城市里已不再出现标本，仅有零星的记录来自西南海岸的内普尔斯城周边。这个时期，绝大多数标本都来自佛罗里达群岛。

复活和复壮

1999年11月29日，安德鲁飓风灾后的第七年，斑凯灰蝶的故事迎来了惊人的转折。巴伊亚翁达公园距离西岛约有56公里。博物学家、蝴蝶迷简·拉芬（Jane Ruffin）在那里散步时，遇到了一只不知名的小蓝蝶。拉芬很懂蝴蝶，于是她反复对比了许多难以区分的“小蓝蝶”。她没有找到与之吻合的，然后扩大了对比的范围。反复研究了这只蝴蝶，并拍了一系列照片之后，拉芬确信它只会是斑凯灰蝶了。其他专家很快证实了她的结论。生物学家估计，这个种群大约有50个个体。

斑凯灰蝶在巴伊亚翁达公园活下来的原因之一，是那里的路边遍布它的寄主刺果苏木。刺果苏木是一种能长到1.8米左右的灌

---

① 一种完全通过视觉媒介（如照片、视频）来讲述故事的方法。——译者注

② 参见 North American Butterfly Association, “Saving South Florida's butterflies: Miami Blue fund ”（《拯救南佛罗里达的蝴蝶：斑凯灰蝶基金》）, www. naba. org/miamiblue. html, accessed on Sept. 10, 2018。

木,它有茂密的复叶,茎杆和豆荚上都长满了刺。在巴伊亚翁达周边,这种植物的确长得很好。但是,刺果苏木也生长在佛罗里达州南部的其他地方。那么,巴伊亚翁达公园里的其他环境,就必定对斑凯灰蝶至关重要了。下面,我就来慢慢地告诉你们,科学家是如何发现这些环境的。

这个斑凯灰蝶种群很小,又偏偏生在了旅游胜地里,听起来就很危险。种群小、分布窄使它变得更加脆弱。[①] 贾里特带着一个小组去研究那里的斑凯灰蝶。据他们估算,这个种群的栖息地有4 000多平方米。巴伊亚翁达公园呈棒球棍形,长度大约有4公里。栖息地集中在南岸的两个地方。其中一个在较窄的球棍柄部,是一条百年铁路遗址的护坡边上。另一个则在球棍的头部,被围在潟湖和大海之间。

贾里特的工作组用标准方法来分析斑凯灰蝶的数量变化。他们一边走过蝴蝶的栖息地,一边数着有多少只蝴蝶飞起来。这种方法既严谨,又避免了标记重捕法可能带来的伤害。这种方法只能用来记录物种,并不能完全取代标记重捕法。这套方法可以估算出存活率,并演算出那部分未观察到的蝴蝶。要想算出较为精确的种群规模,就必须有这些信息。贾里特选用了一种与精确算法具有相关性的方法来估算种群大小。[②]

自1999年重见斑凯灰蝶后的10多年里,贾里特观测到它的种群一直是稳定的。每年,种群新增约100只,季节性的数量波动在0到200只之间,这种明显的变化周期长达数月。其间,当斑凯灰蝶

---

① 通过个体扩散相连的两片分布区产生的基因交流要高于预期的遗传多样性;参见 Saarinen, E. V., Daniels, J. C. & Maruniak, J. E. (2014),"Local extinction event despite high levels of gene flow and genetic diversity in the federally-endangered Miami Blue butterfly"(《高基因流和遗传多样性仍无法使濒危斑凯灰蝶免于绝迹》),*Conservation Genetics*(《保育遗传学》) 15: 811-821。

② 参见 Daniels, J. C. (2010),"Conservation and field surveys of the endangered Miami Blue butterfly (*Cyclargus thomasi bethunebakeri*) (Lepidoptera: Lycaenidae)"(《濒危斑凯灰蝶的野外种群调查和保育》), report 3, submitted to United State Fish and Wildlife Service, Florida Keys National Wildlife Refuges。

全都是幼虫(彩版图 8,上图)的时候,就没有成虫出现。当环境适宜时,茂盛的刺果苏木就会促进幼虫的生长,使之逐步发育,最终羽化成蝶。有些蝴蝶总是难以观察到(尤其是幼虫和蛹),实际的数量应该是超过了 200 只的。

斑凯灰蝶的分布如此狭窄,虽然数量稳定,但已经岌岌可危。可行的恢复方案是在其他岛或大陆上建立新种群。显然,适宜的地点应该是 90 年代初尚有斑凯灰蝶分布的区域。巴伊亚翁达和最近的岛有差不多 5 公里,而距大陆有足足 64 公里之遥。想在这些地方重建种群,光靠蝴蝶本身是不行的。斑凯灰蝶的飞行距离很短,一次只能飞出十来米远,几公里乃至数十公里的距离对它们来说,简直是天方夜谭。因此,我们必须进行人为干预。这有点类似我们恢复艾地堇蛱蝶和霾灰蝶时所做的事情,但那些蝴蝶的情况又有所不同。斑凯灰蝶的种群实在太小了,没人吃得准从巴伊亚翁达迁出多少个体算合适。①

好在贾里特他们攻克了人工繁育技术,并在实验室里建立了种群。他们从巴伊亚翁达收集了几只斑凯灰蝶,并把它们带回了实验室。在实验室里,每只雌蝶能产 100 多粒卵。为了饲养这些蝴蝶,他们腾出了一张实验室桌,上面齐齐摆了几十个杯子。每个杯子里都装着卵、幼虫和一小撮刺果苏木。在那里,斑凯灰蝶将完成生长发育,直至羽化成蝶。

对斑凯灰蝶们来说,这种生活蛮不错的,饲养出的成虫可以不断繁殖下去。没有了捕食者的袭扰,它们的种群就可以快速增长。到 2009 年的时候,贾里特小组已经养出了 3 万多只蝴蝶,这个规模

---

① 关于在巴伊亚翁达和马克萨斯群岛的观测结果以及释放人工繁育个体的详细情况,参见 US Fish and Wildlife Service (2012),"Endangered wildlife and plants; emergency listing of the Miami Blue as endangered throughout its range; listing of the Cassius Blue, Ceraunus Blue, and Nickerbean Blue butterflies as threatened due to similarity of appearance to the Miami Blue in coastal south and central Florida"(《濒危野生动植物;将斑凯灰蝶紧急列入其分布区内的濒危物种名录;由于外观相似性,白细灰蝶、褐灰蝶和蓝凯灰蝶也被列入受威胁物种名录》),*Federal Register*(《联邦公报》) 77 (67): 20948 – 20986。

都让野生种群相形见绌了。这让我们看到了希望,它不仅维持了种群的规模,也提供了在新环境里建群所需的储备。人工种群成了野生种群的后备军。

人工饲养出了足够多的成虫,就可以着手野外放飞了。贾里特小组检查了放飞前的事项。他们划定了有寄主植物的点位,这些点位都在斑凯灰蝶的历史分布区里,其中就包括 90 年代初大绝迹之前的分布地。贾里特他们将范围锁定在大沼泽国家公园和比斯坎湾国家公园。2004 年,他们放飞了超过 2 500 只成虫。

如果成功的话,放飞的蝴蝶将在栖息地繁衍,并维持一定的种群规模。然后,新建的种群将在此基础上逐步倍增。但这一切并未如期而至,蝴蝶甚至没在那里活过一代。由于建群失败,一切又回到了原点。可以肯定的是,整项工作里一定漏掉了些什么。然而,贾里特他们一时无法查出原因。

我从他们的失败里总结了两点,其中最重要的是,成功建群有赖于蝴蝶的天性。在生活史的不同阶段,蝴蝶对环境变化产生的反应相去甚远,并伴有诸多变化。栖息地丧失的原因很多,可能是自行退化,可能是被有毒物质(例如杀虫剂)污染了,也可能是入侵的蚂蚁代替了原生蚂蚁(彩版图 8),还可能是其他未知原因,等等。

同时我还注意到,人类活动引起的环境变化也不容忽视。在其他稀有蝴蝶身上,干旱是一个至关重要的因子。以贾里特的工作为例,蝴蝶放飞后,一场旷日持久的大旱来了,直到第二年的夏天才好转。刺果苏木长得不好,刚孵化的幼虫就无食可吃。然而,到了夏末秋初,热带风暴和飓风又带来了太多雨水。这又进一步导致蝴蝶的繁殖期滞后。没有深入细致的研究,我们难以洞悉人类活动和自然环境变化是如何决定建群成败的。

二度重现

直到2006年11月,建群引种仍未取得成功,巴伊亚翁达仍然是斑凯灰蝶的唯一分布地。迄今为止,其他种群仍徘徊在未被探知的边缘。

2006年秋天,美国鱼类及野生动植物管理局的生物学家汤姆·威尔默斯和蝴蝶迷葆拉·坎农(Paula Cannon)也踏上了寻蝶之路。他们将目标锁定在了西岛国家野生动物保护区的偏远地带。在西岛以西32公里处的博卡格兰德岛,他们出乎意料地发现了一个种群。然后,他们又向西走了8公里,来到马克萨斯群岛。在那里,他们在一圈分散的小岛上又找到了6个种群。在接下来的半年里,每次造访这些岛,他们都能发现几十上百只蝴蝶。与巴伊亚翁达的种群相比,这些种群的数量更多,分布范围也更大。得益于偏远的庇护,这些种群远离了人类的威胁,看上去状态很好。①

然而,在此后的5年里,这些地方的种群似乎出了问题。任何一次调查的数据都没有他俩当时所报告的那么高。多数情况下是一无所获,极为偶然地会碰上一二十个。这样的反差令人震惊,几十年来,人们都不知道其他地方的种群为何衰退,因此很容易联想到这些种群也遭受了同样的厄运。

持续的观测使人们对首次报告的数字产生了怀疑。专家们感到难以置信,即便是毕生研究蝴蝶的专家都没见过几个斑凯灰蝶。更何况,威尔默斯和坎农没有长期采集鉴定这类蝴蝶的经验。有一种可能的情况是,他们将斑凯灰蝶与白细灰蝶弄混了。这两种蝴蝶十分相似,后者会大批迁飞到岛上。专家们没能在这些新地点看到

---

① 参见 Cannon, P., Wilmers, T. & Lyons, K. (2010), "Discovery of the imperiled Miami Blue butterfly (Cyclargus thomasi bethunebakeri) on islands in the Florida Keys National Wildlife Refuges, Monroe County"(《在门罗县佛罗里达群岛国家野生动物保护区岛屿上发现了濒危的斑凯灰蝶》), *Southeastern Naturalist* (《东南博物学家》) 9: 847-353。

那么多的斑凯灰蝶，肯定会心生疑虑。

再度绝迹

无论种群数量是大是小，在其他地方发现斑凯灰蝶都很有意义。巴伊亚翁达的恢复计划几乎停滞了——种群在减少，建群也宣告失败。紧张的氛围在各级部门、非营利性组织和学者群体间蔓延开来。屋漏偏逢连阴雨，人祸和天灾又接踵而至。

一场人祸结束了人工繁育计划，原本有序的繁育—引种流程被意外打乱，进而波及了人工饲养的蝴蝶。负责建群的部门不想把濒危物种带到私人土地上，他们担心，这样做会使业主利益受到《美国濒危物种法案》的限制。这一纠结延迟了审批过程。没有许可证，科学家就不能把饲养出的蝴蝶放归野外。

与此同时，野生种群和饲养种群也相继出了问题。巴伊亚翁达的野生种群迅速减少，管理部门开始限制从野外引种。温室里现有的人工种群是少数雌蝶的后代，它们的遗传多样性较低，近亲繁殖程度很高。这种情况使繁育出的蝴蝶适应性较低，存活和繁殖能力都较差。无论在温室里还是野外，它们活下去的可能性都不大。

贾里特和麦圭尔中心的其他专家开始质疑繁育的价值。由于受限重重，进展无望，他们做了一个艰难的决定——让饲养种群自行灭亡。当时做这个决定是说得通的。因为他们坚信，只要未来情况有所改善，他们随时都能从野外引入更多的蝴蝶来繁育。

紧接着，一场天灾把巴伊亚翁达种群推进了深渊。我们在2009年11月、2010年7月和冬季观察到了斑凯灰蝶，但此后就再无记录了。现在，大伙儿都认为它绝迹了。

科学家认为，极端的环境变化是造成这次绝迹的原因。高空急流带着冷空气向南逼近，使这里的气温连创新低。2010年1月11日，西岛经历了130多年来第二低的温度——只有五六摄氏度。极寒天气持续了将近两个星期,低温使斑凯灰蝶无法动弹,令本已所剩无几的种群陷入万劫不复。斑凯灰蝶完全无法适应这样的严寒。

严寒还杀伤了寄主植物,使这场危机雪上加霜。刺果苏木的叶片被冻死,新的叶片也长不出来。侥幸逃过严寒的幼虫又没了食物。然而,寒潮并不是造成绝迹的唯一原因。在每年的干旱期,幼虫也需要等待雨水催生植物。极寒天气并没有彻底冻死刺果苏木,天气转暖后它们还会萌出新叶。一年前,干旱使刺果苏木遭受了重创,但后来同样长势喜人。在经历干旱后,寄主植物和蝴蝶都会慢慢恢复。

其他的生物与环境因素交织在一起,也对这次绝迹起了至关键作用。如今,绿鬣蜥(*Iguana iguana*)是巴伊亚翁达的优势物种。借着从西印度群岛[1]、中美洲和南美洲航行来的船只,这种外来蜥蜴穿过了墨西哥湾和加勒比海,"偷渡"到了佛罗里达南部。它们改变着这里的食物链关系,对斑凯灰蝶的命运产生了巨大影响。绿鬣蜥周身绿色至浅棕色,花纹斑驳,能长到1.5米。我们在巴伊亚翁达调查的时候,大大小小的鬣蜥趴得到处都是。我可以不费吹灰之力就把它们轰走。

绿鬣蜥对斑凯灰蝶来说是致命的。它们并不吃幼虫,所以看起来并非斑凯灰蝶的天敌。绿鬣蜥是食草动物,它们什么植物都吃,刺果苏木也不例外。风调雨顺的时候,枝叶茂盛的刺果苏木为斑凯灰蝶和绿鬣蜥提供了充足的食物。然而,环境恶劣的时候,刺果苏木会大量落叶,仅在光秃秃的茎秆上留着几截小嫩枝。2009年,许多刺果苏木的嫩叶都遭了殃。它们要么被冻蔫了,要么干脆掉个精光。严寒造成了食物短缺,同时威胁着鬣蜥和蝴蝶的生存。鬣蜥吃光了刺果苏木的嫩芽,苟活下来的幼虫们也饿了肚子。在鬣蜥大吃大嚼的时候,幼虫也被顺带吞了下去。有人认为,绿鬣蜥是斑凯灰

---

① 西印度群岛是北美洲的群岛,位于大西洋、墨西哥湾、加勒比海之间。北部与美国佛罗里达相望,东南部濒临委内瑞拉北海岸。群岛呈自西向东突出的弧形,长4700多公里,面积约24万平方公里。——译者注

蝶绝迹的原因,我却对控制绿鬣蜥来保护斑凯灰蝶的想法表示怀疑。在过去几十年里,斑凯灰蝶一直在大范围衰退,可没人知道,它们为何偏偏在巴伊亚翁达绝迹了。尽管我们难以洞悉其他种群衰退的原因,但把严寒气候、食物短缺和鬣蜥争食三者加起来,似乎能合理解释巴伊亚翁达种群的绝迹。

保育的新思路

巴伊亚翁达种群绝迹之后,引种建群失败、繁育种群丧失,以及在马克萨斯群岛发现斑凯灰蝶等一系列事件接踵而至。在如何继续保育工作这个问题上,州和联邦的机构陷入了僵局。从根本上说,产生分歧的原因,是人们对斑凯灰蝶衰退的原因莫衷一是。后来,美国鱼类及野生动植物管理局请我出马,并点名我来担任仲裁员。虽然我有研究濒危蝴蝶的经验,但对斑凯灰蝶并不熟悉。或许,我可以给他们带去一些新想法。我们一起评估了剩下几个种群的威胁因素,并提出了可能改进工作的方法。

2010 年 9 月,我和研究生约翰尼 · 威尔逊去了佛罗里达群岛,那也是我第一次到那个地方。我们在夜晚飞到了迈阿密,然后开车一路向南到了拉戈岛。过了霍姆斯特德,在经过长湾和海牛湾时,我们撞上了热带风暴“妮可”的边缘。在飓风季节去佛罗里达南部真是个馊主意—— 整晚都在下雨。拉戈岛北部的降雨量居然有 305 毫米,创下了整场风暴的降雨记录! 第二天,我们醒来的时候,天空还是阴雨绵绵。但总的来说,天气和路况还算不错,可以让我们继续工作。我们发现,当初打算一直向西,走遍群岛尽头的计划行不通。于是,我们改道去了大沼泽地国家公园的弗拉明戈游客中心附近,那里是斑凯灰蝶的主要栖息地,也是可以开展恢复工作的地方。在那儿,我唯一遇到的昆虫是密麻成群的蚊子,它们多到了令我们睁不开眼的地步,也把我叮了个满头包。

我们发现,弗拉明戈周边的刺果苏木都长得高大茂密。栖息地丧失并不等于完全失去食物来源,这对斑凯灰蝶来说是件好事。一直以来,刺果苏木都被当作主要寄主看待,这是因为它在巴伊亚翁达很常见。实际上,斑凯灰蝶的幼虫也以其他植物为寄主,包括岛礁猴耳环(*Pithecellobium keyense*)和倒地铃(*Cardiospermum corindum*)。这些寄主植物也很关键,因为马克萨斯群岛上没有刺果苏木,而有岛礁猴耳环。在斑凯灰蝶的整个分布区里,这些植物在群岛和大陆上都有,无非是它们的数量因开发建设而减少,这在海滨沙丘地带尤为突出。现在,这些植物只能在城镇和农田中偷生。鉴于寄主植物并不稀缺,我很难简单地把斑凯灰蝶衰退归因于寄主减少。

随着热带风暴的移动,我和约翰尼也往南部去了。我们没机会在巴伊亚翁达看到斑凯灰蝶了,因为它已经绝迹了。我们继续往西走,去寻找仍有斑凯灰蝶的地点。我们很晚才到了大松岛,只好在一间小屋里过夜。第二天一早,约翰尼和我往西南方向走了大约48公里。在西岛的一个码头,我们与美国鱼类及野生动植物管理局的生物学家菲利普·休斯和汤姆·威尔默斯碰了面。

我们上了一条船,往西驶向仍有斑凯灰蝶的岛。小船又轻又窄,在水深有限(仅两三米)的小岛周围航行是个技术活儿。我们的目的地在三四十公里之外。小船得开得又快又稳。威尔默斯的确是个行家,他开船的技术真不赖。在半个小时的航行里,我们路过了许多小岛。这趟旅程十分刺激:船开得快就不说了,半路还时不时碰上海龟和海鸟。即使是火热的烧烤天,这般海天一色的景色也足够令人心醉。我们的目的地,就在下一个海峡前面那块大陆架的边上。

在这趟旅途中,我既满心期待,又忧虑重重。对我而言,这次探索之旅的成功,完全取决于我们能否找到斑凯灰蝶。清晨,我们到了第一站——博卡格兰德。我们从小船上跳进了温暖的浅水里。

海滩很窄,目的地就在几步之外。趟过了一小段海滩,爬上一个半米来高的沙丘。除了连接沙丘和海滩的部分,岛上都有植被。刚开始的那一段是低矮的灌草丛,其间零星地开着花。这一段,我们走得很轻松。忽然间,我们似乎撞上了一堵植物筑成的墙。在短短数米之内,原先的灌草丛变成了致密的树篱,外面还缠绕着层层叠叠的藤蔓。构成这些树篱的灌木很重要——在这些小岛上,岛礁猴耳环是斑凯灰蝶的主要寄主植物。

不一会儿,我们便看见了此行的目标。在开阔的田野和茂密的灌木丛之间,一只淡蓝色的小蝴蝶在飞舞。和其他蝴蝶相比,它飞得轻缓而柔美。尽管如此,由于它的飞得十分飘忽,加上小蓝蝶们都十分相似,我一时也拿不准它究竟是不是。在数次登岛之旅中,我花了不少时间来观察相似蝶种的颜色、斑纹和行为,以提高我鉴别斑凯灰蝶的能力。这次遇上的小蓝蝶飞到了一株岛礁猴耳环上,我赶紧举起望远镜去看它。根据我的经验,那的确是一只斑凯灰蝶。

约 5 分钟后,另一只小蓝蝶也飞了过来。在好奇心和激动的双重驱使下,我追出去大约 20 米的距离,但最终还是跟丢了。于是,在我见到下一只小蓝蝶的时候,我便直接挥起网去捉它了。捉到之后,我顺势翻折网袋,把蝴蝶困住。我轻轻地捏住它的翅膀,把它拿出来给旁边的人看。再把它挪到另一只手上,轻轻捏住它的胸部,好让旁边的人看清它的翅膀。我捉到了斑凯灰蝶！令我难以置信的是,威尔默斯不但从来没有捉到过,就连近距离看也是头一回。对所有人来说,这都是一次难以忘怀的经历。

我们并没有统计斑凯灰蝶的数量,此行的目的,是确定未来开展研究和保育的范围。一次就见到几十只已让我心满意足,而让我倍感激动的是,我们所到之处几乎都有它的身影。自从 5 年前发现这个种群以来,威尔默斯还从来没有看到过这么多。我们的调查结果也让人感到费解——为什么在此期间数量会下降得那么低呢?

偏远地区搞科研

在接下来的 3 年里,我的实验室承担起了观测斑凯灰蝶的工作。和其他稀有蝴蝶一样,确定斑凯灰蝶的种群大小也需要日复一日地观测。这活儿又耗时又乏味,搞得大家心情烦躁。

我们遇到的第一个难关,是要定期调查斑凯灰蝶的生境。虽然在一望无际的海面上坐着船溜达很是惬意,但有两个麻烦无法忽视。首先,要到达栖息地的浅水区必须得经过深水河道,要是在这里遇上风浪,坐船就和坐簸箕没什么两样了。其次,岛礁上的天气瞬息万变,午后风暴说来就来,掀起的海浪更令旅途颠簸难耐。只要察觉到天气不好,我们就得取消调查。即使天气晴好,只要看到远处翻滚的白浪,我们也无法到达目的地。这就限制了我们实地调查的天数。

为了估算斑凯灰蝶的种群数量,我叫来了新生埃丽卡·亨利,她在西北太平洋研究稀有蝴蝶很多年了。她在上午九点钟到下午两三点之间干活儿,这段时间里,既能观察到蝴蝶活动,又没有风浪的袭扰。若算上潮汐的干扰,她的工作时间在 4 小时左右。博卡格兰德和马克萨斯的栖息地总共有大概 6.5 公里,她没时间一次做完调查。取而代之,她制定了一种有规律的取样方法,即每隔 30 米定一个点。以这些点为圆心,1 分钟为时限,她计数周围 8 米半径范围内看到的蝴蝶。通过步行或划船的方式到达下一个点,她可以在几天内完成整个区域的调查。运用统计方法,她通过小面积的数据来估算整个栖息地里的蝴蝶数量。通过这种方式,最终估算出斑凯灰蝶的总数大约在 8 000 只。

在做这项研究时,埃丽卡也碰上了她的师兄师姐们当年遇到的问题。有时,她才到点上就见到了很多蝴蝶。而有时,她却连一只蝴蝶也见不到。蝴蝶成虫的发生期是可以预测的。在北美或欧亚大陆较高纬度的地区,蝴蝶在整个夏天都会活动,在冬天则不活动。在佛罗里达群岛,即使没有典型的冬季,斑凯灰蝶的数量波动也十分显著。这让埃丽卡无法解释为何在3年里,她分别在9月、3月和4月,3月、7月和8月,以及7月至10月观察到种群高峰。在每次旅行中,埃丽卡都无法确定能否见到斑凯灰蝶,如果见到了又有多少;也无法确定它们是处于数量的波峰还是波谷中。当调查计数为0的时候,埃丽卡看到的是最后一只吗?

通过分析蝴蝶数量与降雨量之间的关系,埃丽卡回答了这个问题。与全年平稳的气温不同,这里的降雨有明显的季节性,雨季最早从6月开始,然后冬春季都是旱季。在温度变化不大的情况下,降雨量就成了影响植物生长的关键因素。

起初,埃丽卡试图将某天的降雨量与蝴蝶数量关联起来。然而,她发现二者并没有相关性。她的方法里有一个局限性,那就是她只用了蝴蝶成虫的数量。在蝴蝶的生活史中,成虫并不像她想的那样对降雨量敏感,反而是幼虫的敏感度最高。幼虫需要依赖茂密的寄主植物来生长发育,我们由此可知,是幼虫生长发育所需的时间造成了成虫发生期的滞后。

埃丽卡用她的所学来预测成虫数量。她反复检视了手头的数据,掌握了降雨量和成虫发生期滞后之间的时间差。她把降雨开始的时间设定到成虫出现的两个月前,然后记录下个月的累积降雨量。利用这样的数据,埃丽卡发现她可以准确预测一个月后的斑凯灰蝶数量了。她提出了一个假说,即在旱季里,幼虫会暂停取食和生长,而随后到来的降雨又激活了它们的生长。

这一发现,为解决保育工作中的疑问提供了必要信息。斑凯灰蝶剧烈的数量波动使大家的观测结果大相径庭,数据差异能从零到数百之多。人们在同一地点记录到差异悬殊的数值,从而产生了不同的观点。悲观主义者认为,过低的种群数量预示着大事不好。而乐观主义者则相信,数量高说明这个种群活得滋润。我们发现了降雨量和蝴蝶数量的相关性之后,这两种声音才逐渐和解。在一年里,最容易登岛的时节都在旱季。但在旱季,无论你去多少次都看不到几个蝴蝶。掌握斑凯灰蝶的天性恰恰为其保育和恢复提供了指导。①

气候变化

埃丽卡的发现,重新唤起了人们对气候变化的关注。尽管气候模型不能预测温度变化,但可以预测降雨时间和强度的变化。随着海温的升高,飓风问题变得日益严峻。飓风会带来更多的雨水。对于这些小岛来说,它们还会增加大风和盐雾的危害。一般而言,模型预测出的年降雨量变化更大。多年持续的干旱对蝴蝶来说是毁灭性的。如今,埃丽卡正在运用她的数据建模,以预测未来气候条件下斑凯灰蝶的种群规模。

还有的研究指出,气候变化导致的海平面上升也是致命威胁。上升的海水蚕食着小岛的边缘地带,而那里恰好是斑凯灰蝶的栖息地。在过去 5 年的研究中,埃丽卡发现博卡格兰德上的沙丘已被侵蚀了 35 米。海平面上升得越来越快,终将淹没这些小岛。从过去的情况和对未来情势的预测来看,如果斑凯灰蝶一直待在这些小岛上,它们的未来是十分堪忧的。

2017 年 9 月,当五级飓风"厄尔玛"袭击佛罗里达群岛的时候,气候变化问题从理论变成了现实。飓风越来越近,所有人都目不转睛地盯着雷达屏幕。飓风中心的能量足以将博卡格兰德和马克萨斯掀个底朝天,生活在上面的斑凯灰蝶也会就此完蛋。飓风中心向西移动也可能造成半斤八两的后果。这是飓风"坏的"一面,逆时

---

① 参见 Henry, E. H., Haddad, N. M., Wilson, J., et al. (2015), " Point-count methods to monitor butterfly populations when traditional methods fail: A case study with Miami Blue butterfly"(《传统调查方法失效时可用站位计数法监测蝴蝶种群:一项基于斑凯灰蝶的案例研究》), *Journal of Insect Conservation*(《昆虫保育学报》) 19: 519 – 529。

针方向的气旋会导致气流和海水冲击陆地,引发强烈的风暴潮。

最后,飓风中心向东移动了(飓风“好的”一面,西侧的风暴潮破坏力小)。飓风横扫陆地的过程中,风速和破坏力都逐渐降低了。最终,“厄尔玛”仍然造成两种不同类型的影响,其中一种造成了斑凯灰蝶的栖息地退化,另一种则促进了它的栖息地形成(彩版图 8,中图和下图)。在博卡格兰德,由于风速过大,盐雾浸死了岛上的灌丛,其中包括不少岛礁猴耳环。在马克萨斯,风暴潮冲刷着沙丘,沙土淹没了草地。结果,沙丘面积增加了,并为新的植物群落提供了空间,斑凯灰蝶也因此逃过一劫。

另一种稀有蝴蝶就没那么走运了。尖鳌灰蝶(*Strymon acis bartrami*)在“厄尔玛”飓风之后的惨状,生动地诉说着斑凯灰蝶差点儿遭遇的厄运。大松岛上的一个尖鳌灰蝶种群就正好撞上了飓风中心,风暴潮有将近一米高。次年春天,受灾而死的植物残体引发了大火,又造成了一次强大的干扰。这场飓风,恰恰也是尖鳌灰蝶顽强的最好证明。“厄尔玛”飓风登陆的第二年,人们没有见到它的成虫,但仍能在线叶巴豆(*Croton linearis*)上找到少量幼虫,这是一线希望。如果不幸遭遇此类重创,尖鳌灰蝶的经历就可以为斑凯灰蝶提供一些借鉴。

重归故里

斑凯灰蝶的历史反映出,这个物种既顽强又脆弱。它一度绝迹,又重获新生。它在海边的小灌丛里求生,饱受飓风和烈日的考验。面对日益严峻的人类活动——城镇开发、栖息地丧失、外来的绿鬣蜥和气候变化——它一直顽强地活着。更别说,大海早晚有一天要吞没它们。

我最期待的是,它还分布在我们去不到的偏远地带。想到这一点,埃丽卡在 2014 年与佛罗里达大学的研究生萨拉·斯蒂尔·卡布雷拉合作,一起在尚未开发的地区寻找斑凯灰蝶。他们将目标区域锁定在了大白鹭国家野生动物保护区的偏远地带,在西岛东北部的斯奈普、索耶和康腾三座小岛上展开了搜索。他们在天气条件较好时进行调查,尤其是降雨量接近埃丽卡的模型所预测的时候。他们在斯奈普岛上见到了两只斑凯灰蝶成虫,在其他岛上发现了疑似蝶卵。这一发现使得斑凯灰蝶又有了第三笔记录。这也预示着,向更偏远的区域寻找,还有可能发现其他种群。这一观测结果,更加坚定了我们认为斑凯灰蝶能活下去的看法。

但是,如果冷静下来回顾它经历的衰退,我们也必须承认斑凯灰蝶十分脆弱,毕竟它一度濒临灭绝。如果我们无法弄清其衰退的原因,那么灭绝就在所难免。贾里特曾经告诉我,在 90 年代初,他在亚当斯岛露营的时候,曾见过那里的倒地铃果实里都是幼虫。当年它们是如此之普通,以至于变得毫不起眼。贾里特还说,他在恢复其他稀有蝴蝶的时候,压根没想过斑凯灰蝶会需要保护。然而,它的数量却直线下降了。尽管这与人类足迹的扩大有明显的关系,但光靠这一点仍然解释不通。

要最终实现种群恢复,我们就必须用人工建群取代自然扩散,将斑凯灰蝶引到大陆上。在其历史分布区内,让它在已经恢复和受到保护的栖息地里繁殖。小岛边缘的自然干扰(例如飓风和流沙)会造成栖息地退化,而不断上升的海水将在几十年之后淹没这些小岛。保护现有的栖息地只是应急之举,并非长久之计。在曾经的栖息地里恢复种群可能更有胜算,但这种蝴蝶无法靠自己的力量跨海飞到三十几公里外的地方。

在接下来的 10 年里,科学家和管理部门必须将斑凯灰蝶运往其历史分布区的高地上。对斑凯灰蝶来说,这意味着它将再度经历当年在巴伊亚翁达建群时所遭遇的难题。对我们而言,这意味着引种和建群的技术需要加以完善。我注意到,这项工作和晶墨弄蝶的迁地保护还不一样(第四章)。斑凯灰蝶曾经生活在大陆上,它的寄主植物现在也还在那里。理论上，引种建群应该要容易得多。

我们必须在相邻的小岛和大陆上都建立新的种群。一旦种群建立起来，专家们就可以腾出手应对其他威胁了。研究一步步推进着，我们也离保育的目标越来越近。现在，得益于埃丽卡的付出，我们掌握了如何预测斑凯灰蝶在野外的数量。这样一来，科学家就可以有计划地收集野生个体来进行繁育，同时减少对自然种群的干扰。人工繁育出的个体又可以释放到野外继续繁衍。

2016 年初，我有幸在埃丽卡和萨拉的带领下考察了几个种群。正如近来的降雨量所预测的那样（受厄尔尼诺现象影响，降雨较多），斑凯灰蝶四处纷飞，还产了许多卵。就我的眼力来说，找它们的卵简直比登天还难。寄主植物到处可见，卵却比芝麻粒儿还小。埃丽卡和萨拉都有非凡的观察力，可以找到许许多多的蝶卵。即使她们指给我看，我还是很难在树叶和枝桠中看到它们。

2016 年 11 月，贾里特和萨拉收集了 81 个卵和幼虫，他们用这些个体重新启动了人工繁育。3 个月后，他们手头有了上千个蛹，以及几千上万的蝶卵与幼虫。这说明在实验室里，斑凯灰蝶的增长率比在自然界里要高得多。当我们繁育米氏环眼蝶的时候（第六章），我的实验室也利用了这一特点。在最近一次去佛罗里达南部的旅途中，我从机场直接去了市区的欧蒂尼加勒比餐厅。在那里，我与埃丽卡和萨拉共进晚餐，同桌的还有待在 2 个塑料杯里的 1 000 只幼虫。这些都是贾里特的实验室里成功繁育出来的。萨拉很快就要在长岛和大松岛的栖息地里释放它们，这样做的目的是使用人工繁育的蝴蝶建立新的野生种群。

现在，为明确斑凯灰蝶的环境需求，萨拉正在努力解决其生活史问题。正如我反复看到的那样，人们在看似良好的栖息地中放归大批蝴蝶，引种建群，但还是以失败告终——我们不知道这究竟是为什么。莎拉的工作将有助于指导未来的引种建群。

通过查阅众多资料，萨拉整理了斑凯灰蝶在博卡格兰德、马克萨斯以及大陆上的寄主植物。许多蝴蝶都有两种以上的寄主植物。在巴伊亚翁达的马克萨斯,吃岛礁猴耳环长大的蝴蝶能否在刺果苏木上继续繁衍?在去马克萨斯的一次调查中,贾里特找到了一棵独生的刺果苏木,并且发现上面有斑凯灰蝶的卵和幼虫。这个发现证明,即便是同一种群也可以吃两种植物。刺果苏木在实验室里更好种,贾里特决定用它做人工繁育的寄主。萨拉测试了刺果苏木和岛礁猴耳环上幼虫的生存率。她将幼虫分别放到两种植物上,然后用网罩住,防止它们逃离。实验发现,刺果苏木上的幼虫长得更好。我们还不清楚,较高的生存率是否会因环境而异。例如,当环境有利于植物生长时,也许幼虫在茂盛的刺果苏木上活得更好,而只有在刺果苏木难以耐受的恶劣环境里,幼虫才会在岛礁猴耳环上自在逍遥。

萨拉还想知道,放归野外的蝶卵或幼虫能否活到成虫阶段?她将幼虫引入新的栖息地里,并在寄主植物上罩了个网。这样,她就可以监测斑凯灰蝶的每个阶段。下一步,她还会测试不加网罩和全野生状态下幼虫的存活率,以对比不同情况下的结果是否相同。

斑凯灰蝶称得上最稀有的蝴蝶吗?如果我以前让它上过榜,那应该就是了。它的种群从 70 年代的历史最高点骤然衰落,在 90 年代触到了灾难性的低谷。在 1999 年复活后,又在 2009 年再度濒临灭绝。尽管当时的人们还知之甚少,但 2006 年是其种群最稳定的一年。在马克萨斯,人们可以在一天之内见到数只成虫。如果算上一个世代的出生率和死亡率,这些数据反映出的种群规模更大。威胁斑凯灰蝶的因素,既有栖息地破碎带来的问题,也有海平面上升造成的压力。

斑凯灰蝶的故事发人深省。它曾经那般开枝散叶,却也是种群急速衰退的典型。我们难以解释一种蝴蝶无常的命运。如我将在第九章讨论的那样,我不相信任何蝴蝶的前途是万全的,哪怕是最常见的君主斑蝶。

在斑凯灰蝶的研究和保护领域,我们已经取得了实实在在的进步。尽管现在它的种群规模仍然有限,但它的数量已经超过了五年前的预期。截至此刻,它的数量是下一种稀有蝴蝶的两倍。

第六章

米氏环眼蝶

我到北卡罗来纳州立大学担任助理教授的那年，美国军方请我为保护濒危的米氏环眼蝶北卡亚种（*Neonympha mitchellii francisci*）出谋划策。出于对保育的热情和对稀有事物的兴趣，我一口应了下来。出乎意料的是，这份差事会让我在接下来的几年时间里很"享受"。

在这个故事里，最令人感到意外的是，军方竟然扮演了保育的主角。美军在这个蝴蝶的发现、生态和恢复等领域一直发挥着关键作用。起初，与军方合作让我感到担忧，本能地认为美军和保育是背道而驰的。然而，经历了一年的合作以后，我发觉我的担心纯属多余。我见到了驻军指挥官塔德·戴维斯上校（Colonel Tad Davis），他听了我的简报后，握了握我的手，说道："我们总是把'为国效力'和打仗划等号，但我更希望为其他领域也尽一份力，比如在我们的训练场里搞搞环保。"听他这么一说，我顿时觉得心里有谱了。

两面派

请允许我用点笔墨来介绍它的发现经过。

首先,米氏环眼蝶的个子不大,翅展还不到5厘米,身上也没什么鲜艳的色彩。在野外从远处看,除了一片枯叶或土壤的颜色,还真想不出什么好词来形容它。但在我近距离观察它的时候,却看到了一种莫名的美(彩版图9)。它的翅膀上贯穿着几条橙红色的条纹,渐渐而柔和地融入了棕色背景,上面缀着一列黄边黑心的眼斑,眼斑里还嵌着小小的银色瞳点。

其次,人们得将它和其他几个相似种区分开来。按相似度从低到高的顺序排列,这些蝴蝶是:卡州褐眼蝶(*Hermeuptychia sosybius*)、蒙眼蝶(*Megisto cymela*)、黑宝石眼蝶(*Cyllopsis gemma*)和环眼蝶(*Neonympha areolatus*)。它们要么和米氏环眼蝶生活在一起,要么就出没在附近。因此,想要区分这些蝴蝶,人们就需要捕获它们来观察。

第三,米氏环眼蝶的栖息地是草木茂密的湿地,长满了灌木和藤蔓。由于这个原因(或许还有其他原因),人们很难进到里头去调查它们。有时,想接近它们都几乎不可能。

第四,这种蝴蝶只分布在北卡南部的布拉格堡军事基地里。而在那里,几乎所有种群都生活在两个靶场里。这样一来,只有三类人有权进入这些湿地了,他们是:士兵、军方人员(包括军事生物学家)和我的团队。

在布拉格堡的野外,我每天都可以看到正在拉练的士兵们。他们的日常训练包括,与新兵一起执行任务,在树林中越野和扎营,在靶场练习射击,或者开展定向训练。路线的起点在一条宽阔的小溪旁的山丘上,沿途有可以通行的路线和障碍。受训的士兵们需要经过几个航路点,最后到达预定的目的地。沿着其中一条训练路线,士兵们穿过开阔的树林下山，朝小溪走去。如果定向正确，他们将绕过湿地，并从一条碎石小路跨过小河。这条正确路线是最好走的。

可他们毕竟都还是新手。一旦走错了路，他们就得穿过湿地才能到达目的地。在这条路线上，所有人都得穿越一片 3 米多高的灌木丛。灌木丛又高又密，人在这头是完全无法看到那头的。这不是最佳的路线，却是乌鸦飞行时最短的路线。这条路会把士兵们带到一片湿地里，那里生活着对人类干扰敏感的稀有动植物。

因为不是常规路线，所以得有人隔三岔五地来才会踩出一条路。在探寻湿地的那些日子，我和一名泥猴似的士兵打了好几次照面。我俩并不是每次都见，但这里的确常有人来。他们带来的生境干扰，包括被劈开的灌丛、被踩倒的草和靴印连成的小路，从这边一直到另一边。这种干扰对栖息地的破坏程度很小，但可以看得出干扰从未断过。

1983 年 6 月 2 日，托马斯·克拉尔在这里当兵，在这块区域接受定向训练，也顺便在这里研究起了鳞翅目昆虫。他是米氏环眼蝶三大事件的中心人物：正是他发现了米氏环眼蝶，给了它科学的分类地位，又将它列入了濒危物种。当时，克拉尔正在湿地里穿越一片灌丛，在他前面就飞着一只棕色的小蝴蝶。他的本事的确了得，竟然可以在保证训练的同时，又意识到这只蝴蝶是不一样的。他就是在那时发现的米氏环眼蝶。

此后不久，克拉尔便觉得这只蝴蝶与众不同。米氏环眼蝶的故事，与晶墨弄蝶命名时的反复推敲大相径庭。1989 年，克拉尔与其他人合作发表了一篇论文，他发现的米氏环眼蝶成了新亚种。① 这

---

① 参见 Parshall, I. K. & Kral, T. W. (1989), "A new subspecies of *Neonympha mitchellii* (French) (Satyrinae) from North Carolina"(《北卡罗来纳州的米氏环眼蝶一新亚种记述》), *Journal of the Lepidopterists' Society* (《鳞翅学会学报》) 43: 114 - 119。鉴于当时的种群规模，论文作者完全有理由写道："在美国东部，没有比米氏环眼蝶北卡亚种更濒危的蝴蝶了。"即使后来发现了其他种群，作者这么说也不为过。

一过程之所以快，是因为人们相信这种蝴蝶在北卡又多了一个小种群。米氏环眼蝶的指名亚种（*Neonympha mitchellii mitchellii*）是在一个世纪前发表的，当时发现它的地方是密歇根州，离这里足足有1 100公里之遥。

两个亚种之间的差异十分细微。北卡亚种的雌蝶颜色要深一些，翅上眼斑的黄边更细，并且纵带的颜色更偏红褐。即便把这两个亚种并排摆放在一起，我也很难看出这些差异。然而，这些细微的差异，却反映出它们独立的地理分布和演化历史。

在北卡亚种被发现后，克拉尔在其濒危的过程中扮演了两个角色，其中一个是好的，另一个却十分糟糕。他起初就知道这个亚种亟待保护。他以“因善待动物和敬畏自然而闻名”的圣方济各[①]的名字为新亚种命名，希望以此庇护它。在他的第一篇论文中里，克拉尔估计这个种群还不到100只。然而，在读这篇论文时，我差点被搞得一口气没上来，克拉尔他们居然采集了50只，因为这些标本是“必需的”；用这些标本，他们可以和相似种进行比较，从而更好地论证这是一个新亚种。

克拉尔接下来的所作所为加快了保护进程，他的角色也突然变得阴暗起来。当局对克拉尔提起了公诉，这在美国的蝴蝶保护史上也是里程碑式的。在经济利益的驱使下，克拉尔和他的同伙们倒卖稀有蝴蝶来赚钱。像邮票一样，如果蝴蝶变得稀有，它们对收藏家来说就更值钱。想让蝴蝶变得稀有，没有什么方法比灭了它们来得更快了。事发前，我曾遇到过理查德·斯卡尔斯基（Richard Skalski），他是克拉尔案的其中一个同谋。我在斯坦福大学读本科时曾和他有过一面之缘，那时他在做害虫防治方面的工作。他对艾地堇蛱蝶和其他稀有蝴蝶很感兴趣。

克拉尔的案子铁证如山，足足有2 000多只高质量的、信息完备

---

① 意大利天主教修道士、执事和传教士。——译者注

的蝴蝶标本。当时，被列为濒危物种的蝴蝶有 20 种，克拉尔案里就出现了 14 种。更加令人发指的是，几个同谋之间还时常通信，信件记录了他们如何在军事禁区大肆采集蝴蝶、杀害保护物种，并逃避执法的情节。一封信的落款处赫然写着"屠夫"。在另一封信里，克拉尔写道："由于您寄给我的东西是濒危物种，所以我会对来源守口如瓶……这事儿最好就你知我知。"[①]

1993 年，克拉尔、斯卡尔斯基和第三个同谋马克·格林内尔(Marc Grinnell)都被起诉了，他们每人都面临好几年徒刑和 25 万美元的罚款。然而，结局并没那么严重。该案并未审判。面对铁证，三人均表示认罪伏法。比起应受的惩罚，他们最终只缴纳了 3 000 美元的罚款，被判了 3 年缓刑和社区服务。另外，他们私藏的蝴蝶标本都充了公。

失而复得

后来发生的另一件事也促进了保育，在 1990 年的时候，北卡亚种已经近乎灭绝了。当时，唯一已知的种群就在克拉尔发现它的地方，面积只有 8 000 多平方米。由于这是一个刚发现的新亚种，所以它会面临很高的捕杀压力。科研人员想弄到标本去做研究，收藏家则希望把它放到博物馆或自家藏品里。我在后文也会提及其他影响因素，譬如栖息地的自然退化。但在 1990 年，没人清楚这种变化会对米氏环眼蝶产生什么影响。

事实上，北卡亚种并没有灭绝，只是那个广为人知的种群在 1990 年绝迹了。但当时没人调查过它周边的犄角旮旯。1993 年，

---

① 有关非法采集米氏环眼蝶和其他蝴蝶的讨论，参见 Laufer, P. (2010), *Dangerous World of Butterflies: The Startling Subculture of Criminals, Collectors, and Conservationists*(《蝴蝶的险境：令人震惊的罪犯、捕蝶人和保育学家亚文化》)(New York: Lyons Press)。另见 Alexander, C. "Crimes of passion: A glimpse into the covert world of rare butterfly collecting"(《因热爱而犯罪：窥见稀有蝴蝶地下采集业的一角》), *Outside Magazine*(《户外杂志》), May 2, 2004。

军事生物学家埃里克·霍夫曼对整个基地进行了调查,范围涵盖靶场的禁区。在那次调查中,他发现了19个种群。随后,他在靶场外面进行了更加系统的调查,并发现了更多种群。这些种群分布在20多公顷的湿地里,其中的大部分都在靶场里面。

因为克拉尔案、原种群绝迹、新种群出现的这一系列事件,美国鱼类及野生动植物管理局在1995年迅速将北卡亚种列入了濒危物种名录。[①] 在所有威胁因素里,克拉尔案让管理局清醒地认识到,过度采集差点儿造成了它的灭绝。但与此同时,其他的威胁因素也在步步逼近。

过于乐观

2002年,军方来找我的时候,他们正想用科学的方法来保护米氏环眼蝶。他们认为,我的科研成就和种群统计技术很有用。我的确常年研究蝴蝶种群,但所有人都忽略了一点,那就是我先前所研究的都是常见物种,例如猫眼蛱蝶(*Junonia coenia*)、翩蛱蝶(*Euptoieta claudia*)和银月豹凤蝶(*Papilio troilus*)。为了寻求新挑战,我轻率又过于自信地接了这个活儿。

2002年,我在布拉格堡度过了第一个夏天,那时我只能在靶场外面开展工作。在一段时间里,我们对靶场里的情况一无所知。我的主要任务,是确定蝴蝶数量究竟是在减少、稳定还是增长。为此,我制定了三个目标。第一,我的团队要找到更多的栖息地,确定哪些适合蝴蝶生存。第二,我们将制定方案,开展实地观测,来估算3个现有种群及未来发现种群的规模。第三,我们需要深入了解米氏

---

① US Fish and Wildlife Service (1995), "Endangered and threatened wildlife and plants; Saint Francis' Satyr determined to be endangered"(《濒危和受威胁的野生动植物:米氏环眼蝶已定为濒危级》), *Federal Register*(《联邦公报》)60 (17): 5264-5267。

环眼蝶的天性。[1]

刚开始,我们锁定了长满草丛的开阔湿地。这些湿地位于溪流源头的沿岸,大多只有一条溪流穿过。我们的最终目标,是找到多处溪流交织而成的湿地。

我们要找的湿地不是稳定的。理想状态下,米氏环眼蝶生活的湿地会一直处于适宜条件。用军事生物学家布赖恩·鲍尔的话说就是:"我们得想出一种能让栖息地变得永固的法子。"但在现实世界这根本做不到。

在我来到布拉格堡之前,生物学家就猜测,某些自然发生的干扰在维持着湿地环境。控制树木和灌丛生长的野火是其中一个,另一个是会蓄水的美洲河狸(*Castor canadensis*)[2]。这两种干扰对于维持生态系统的功能都十分重要。然而,在接手项目的头一年,我们不清楚究竟怎样的干扰对米氏环眼蝶有益。更何况,蝴蝶既不能活在火里,也不能活在水里。当时我们并未深思栖息地的变化,只是一心去找现成的湿地。

我的团队开始沿着每条溪流寻找。我着手调查时,老念叨着"竟然这么久都没人发现它"。然而,仅去过一次栖息地边的森林后,想法就完全消失了——这鬼地方简直不是人去的。

那个夏天,我们沿着溪流找了 64 公里,整个过程都举步维艰。每天开工之前,我都得穿上防蛇靴。这些长到膝盖的靴子,是专门用来防剧毒的噬鱼蝮(*Agkistrodon piscivorus*)的。它的数量似乎和蝴蝶有着某种诡异的关系,蝴蝶多的地方它也不少。

要到达栖息地附近的高地很容易。布拉格堡的大部分地区是

---

① 更早些时候的研究主要集中在幼虫取食、扩散和成虫的发生期。参见 Kuefler, D., Haddad, N. M., Hall, S., et al. (2008), "Distribution, population structure and habitat use of the endangered St. Francis' Satyr butterfly, *Neonympha mitchellii francisci*"(《濒危米氏环眼蝶的分布、种群结构和栖息地利用》),*American Midland Naturalist*(《美国中部博物学家》)159: 298-320。

② 河狸是一类生活在溪岸边的小型哺乳动物,具有利用树枝、石块和软泥垒坝,将溪流改造成小池塘的习性。——译者注

开阔的长叶松(*Pinus palustris*)林,乔木层比较稀疏,林下也只生长着一层厚厚的松林三芒草(*Aristida stricta*)。整片区域视野开阔,低矮的丘陵连绵起伏,密集的土路纵横交错。这些土路质地疏松,有的地方被重型军车碾出了半米多深的沟壑。这些路都通向可能有米氏环眼蝶的小溪附近。

我们下车开始步行后,路途开始变得艰难。我们钻进了差不多有一人高的灌丛。细齿桤木(*Alnus serrulata*)、多花蓝果树(*Nyssa sylvatica*)、波尔本鳄梨(*Persea borbonia*)和其他植物紧挨着长成一片。灌丛间又密密麻麻地缠着藤蔓,常见的是圆叶菝葜(*Smilax rotundifolia*)和圆叶葡萄(*Vitis rotundifolia*)。多数时候,我都得从灌丛的缝隙间挤出去,浑身都被扎得疼。遇到某些难以翻越的障碍,我就爬到灌丛的顶部,把树枝压弯,然后借助弹力"飞"过去。有时,在森林里步行的感觉太无语了。

虽然一连几天都无功而返,但也有偶尔的成功,我们找到了一片 4 000 多平方米的湿地。这片湿地长满了莎草科植物,薹草属(*Carex*)尤其丰富,其中就有米氏环眼蝶的寄主植物。湿地里散布着几棵树和几丛灌木,还交织着许多宽 1 米左右的溪流。

一到湿地,我的眼睛就只盯着两样东西。良好的栖息地首先得有寄主植物,一旦找到了寄主,我就会把注意力转向飞舞的棕色蝴蝶。和多数蝴蝶不同,米氏环眼蝶并不采食花蜜。更让人头大的是,它们很不好动,大部分时间都歇在草上或树叶背面。这样一来,要观察它们就更难了。

为此,我在湿地里跋涉时,会挥起手里的网以惊起蝴蝶。拿着网追蝴蝶本来是件很开心的事情,但要我同时深一脚浅一脚地趟稀泥就另当别论了。在湿地里,溪水常常漫过松软的地面。有时,明明看着可以下脚的地方却会突然陷下去,然后整个人就陷进齐腰深的泥坑里。有一次,布赖恩·鲍尔叫住我,指着我刚踩过的地方,我回头一看,坑里竟然盘着一条噬鱼蝮。就这样,我把整个基地里的每一条小溪都来回翻找了好几遍。

在第一年的几次调查里，我们发现了 3 个新种群。我因此相信，后面肯定会找到更多的种群。

我们的第二个目标，是估算米氏环眼蝶的数量，这项任务耗时最多。和许多亚热带地区的蝴蝶一样，米氏环眼蝶也是一年多代的。第一代的成虫发生期有 3 个星期，然后就是 1 个月的幼虫期，再接着第二代成虫又有 3 个星期的发生期。成虫的发生期正好是大学的暑假，这对于我和学生们来说简直太爽了，我们可以每天都去调查。

我们采用样线计数法[①]调查蝴蝶，这是一种通过固定路径采样的标准方法。然而，问题来了。如果我们每次都走同一条样线，湿地就会被踩出一道泥泞的沟。时间久了就会伤到蝴蝶的寄主植物，这就等于在破坏栖息地。另一个问题就是人走路时的本能反应，会下意识避开泥泞的沟去走两边的坎，这样一来沟就被越踩越宽了。我们需要发明一种不破坏湿地的办法来开展工作。

我的研究生丹尼尔·库夫勒想了个法子，用一条条 3 米多长的薄木板沿着样线铺了一条便道。木板把我们垫高到泥地之上，又约束了我们的活动范围，所以能避免我们踩到寄主植物。可是便道并不好走，我和学生们开玩笑说，一个暑假下来，他们都得成体操健将。沿着便道，我们顺利地做了调查。尽管铺便道在当时只是应急的办法，但自那以后一直沿用下来了。

起初，我们采用了最严格的标记重捕法。我们捉住蝴蝶后，用锐意牌记号笔给每只蝴蝶写上由字母和数字组成的标记，并同时做好记录。我们每天重复如下工作：记录捉到的蝴蝶中哪些有标记，并给新捉到的蝴蝶做上标记。通过跟踪已标记蝴蝶的流失动态，我

---

① 样线计数法是一种移动观测法，观测员和记录员按一定的步速缓慢行走，记录观测员报出的其周边一定范围内飞经的蝴蝶种类和数量。我国生态环境部 2014 年发布的《生物多样性观测技术导则 蝴蝶》中，观测员和记录员的行进速度为每小时 1—2 公里，观测范围为观测员的前方和上方 5 米，两侧各 2.5 米。——译者注

们就可以估算出一个重要参数——日存活率(另一个重要参数是繁殖率)。我们发现,这种蝴蝶的成虫寿命短得不可思议,平均只有3—4天。如果标记过的蝴蝶消失了一天两天又出现了,我们就能以此确定有多少蝴蝶在调查里被漏掉了。通过这两项信息,我们就可以估算出蝴蝶的数量。

2002年,我们估算出靶场外约有500只蝴蝶。第二年,我们记录到了800只,再后一年,记录达到了1 800只。但在2004年之后,种群数量开始持续下降了。

到了2005年,我开始担心标记重捕是否导致了蝴蝶减少。通常情况下,只要操作得当,标记只会伤及蝶翅上的一些鳞片,翅的功能并不会受到影响。但和大多数蝴蝶相比,米氏环眼蝶确实更脆弱一些。我开始猜测,是否标记会改变蝴蝶的行为,使它们更容易被捕食,或者失去求偶的魅力?我永远都无法确定标记会产生什么样的影响。我暂停了使用这个方法,但后来我发觉担忧是多余的。[①]

为了代替标记重捕法,我们选用了第二种方法:计数一条样线上的所有蝴蝶个体数。我们每天调查这些样线,边走边数观测员周边4.8米范围内飞过的蝴蝶。掌握这些数据后,我们会套一个通用公式来计算蝴蝶的数量。使用这种方法时,我们的假设是:(1)不会重复计数同一只蝴蝶;(2)可以观测到9米宽样线上的所有蝴蝶。我很清楚,这种方法估算出的结果不太精确。为了保险起见,我专门做了比较,发现两种方法得出的结果是高度相关的。[②]

我们的第三个目标,是深入了解米氏环眼蝶的天性。出乎意料

---

① 参见 Taron, D. & Ries, L. (2015), "Butterfly monitoring for conservation"(《蝴蝶监测的保育意义》), in Daniels, J. C. ed., *Butterfly Conservation in North America*(《北美蝴蝶保育》)(Dordrecht, Netherlands: Springer), pp. 35－57。

② 除标记重捕法和样线计数法外,我还探索了另一种技术,即根据发生期内每天的计数生成每代的个体数量的计数法。检验发现,这三种计数法产生的结果高度相关。Haddad, N. M., Hudgens, B., Damiani, C., et al. (2008), "Determining optimal population monitoring for rare butterflies"(《适用于稀有蝴蝶的种群监测方法》), *Conservation Biology*(《保育生物学》)22: 929－940。

的是,我们对它最基本的生物学特征都一无所知。其中,最大的问题是不知道它的寄主植物。没有这些信息,栖息地管理就无从谈起。我们只好从零做起,投入了大量的精力寻找幼虫。从 2002 年开始,我们总共找了几百个小时,但仍然一无所获。

花了 15 年的时间,我们才在野外找到 2 条幼虫,而且都是瞎猫碰到死耗子。2013 年,一位名叫罗斯・皮洛特(Ross Pilotte)的本科生找到了第一条。当天,他在栖息地里走的时候把墨镜掉进了草丛里。当他伸手去捡墨镜时,手边的莎草叶上就趴着一条幼虫。2015 年,一队学生走在我们搭的便道上,一边留心脚下的湿地,一边扫网调查。本科生本・普鲁尔在低头看脚时,发现木板上落了一条幼虫,它的颜色和大小与米氏环眼蝶幼虫一样。这条幼虫很走运,它竟不偏不倚地掉到了木板上。我们捡起了它,仔细观察后确定它就是米氏环眼蝶的幼虫。

米氏环眼蝶的行为很独特。如果和其他蝴蝶一样,雌蝶会把卵产在明显的地方,然后我们就可以跟踪观察幼虫。同时,它们在产卵时也会扇动翅膀。但 15 年来,我们只观察到几只雌蝶产卵。米氏环眼蝶很难进行跟踪观察,因为它们会把卵产在寄主附近的其他植物上,而不是直接产在寄主植物上。

高兴得太早

刚接手这个项目的时候,我信心满满。我坚信自己可以为保护北卡亚种做点贡献,至少能稳定或增加其数量。在监测蝴蝶数量时,我认为让人远离湿地并顺其自然,将有利于栖息地恢复,也会使蝴蝶受益。我眼下的行动是保护这片经历了长期退化的栖息地,于是我们把湿地和人为活动隔离开来。军方需要保持训练场自然逼真,因此湿地比其他多数地方更安全。

接下来的几年里,我却亲眼看着自己的好心办了坏事。2005

年，一处河狸垒的坝崩了，一个种群直接被淹掉。2006年，一场野火从山林烧进了湿地，又烧掉了另一个种群。在其他情况下，干扰不足又是造成衰退的原因。在2008年、2009年和2010年，由于湿地变干，树木和灌丛长了起来，取代了原有的莎草科植物，进而造成了几个种群的绝迹。

干扰过多和干扰不足轮番上阵，使蝴蝶不堪其扰，种群趋于衰退。这两种极端情况都会导致种群绝迹。这使我意识到，恰到好处的干扰对蝴蝶来说至关重要。

到2011年，靶场外就只剩一个种群了，而且它的规模还不到100只。我接了这个项目，并立志要恢复米氏环眼蝶的种群。不幸的是，我的过分乐观误导了我的判断。第一年里，我们没有发现任何新种群。15年过去了，最后一个种群也在慢慢衰亡。我失败了。我不禁开始想象，总有一天我会在靶场外目睹最后一只米氏环眼蝶。

玩命的科学家

蝴蝶数量下降后，军方也让我进靶场去调查了。靶场每天都有火炮操练，所以军方是严禁外人进入的。很幸运，他们让我去了。

靶场是米氏环眼蝶的避难所，是什么因素使这里成了理想的栖息地呢？我脑海里立刻浮现出两个假设。第一，靶场很少有人进入，而比起农耕和城市化，炮击带来的干扰有限。第二，炮击引发的野火类似于每年必有的自然干扰。要检验这些假设，唯一方法就是进靶场里走一遭。

我就要走入米氏环眼蝶的种群中心了。每天，士兵们沿着靶场周边排出十几个炮阵，并在靶场中心操练射击。远处飞来的炮弹都落到了我要去的那块土地。

第一次调查时，我和布赖恩·鲍尔等着他们停火。绿灯亮起后,我们才开车穿过靶场到了湿地附近,然后开始徒步。这里面道路稀少,我们已经处在没有人的偏远地带了。目的地大体上是确定的。在先前的调查中,生物学家们已经确定了一些种群的位置。还有人使用了遥感数据,从卫星或航空影像中根据特定要素(例如地理、水文和植被)筛选出疑似栖息地。[①]

和我们一道的还有一个人,那就是军方的排爆专家。我们找蝴蝶的时候,排爆专家就找弹药,尤其是那些哑弹。初次见面的时候,排爆专家特蕾西·戴斯·约翰逊(Tracy Dice Johnson)完全一副公事公办的样子。她说什么也不相信,我们大费周章地进到靶场里竟是为了一种蝴蝶。特蕾西和我的兴奋点完全不同。对她而言,最高兴的事情是找到一枚 40 毫米枪榴弹(蓝色训练弹最安全,金色高爆弹最危险),或见到一枚 155 毫米榴弹炮的弹壳。对我来说,则是看到稀有蝴蝶、植物或湿地。每次见到很大的弹壳,我都表现得一惊一乍。特蕾西将我们带到了弹药较少的地方,我都忘了在哪里见过一枚哑弹。

随着时间的流逝,我发现特蕾西也变了。这种变化的第一个迹象就是,她走在前面时会问:"那是你要找的蝴蝶吗?"答案当然是肯定的!从一开始的事不关己,特蕾西渐渐变成了保育的热心人。多亏了她,我们才能在这里把科研和保育做下去。

关于靶场,我一直有着某种误会。我第一次进去的时候,以为会看到一片布满大坑小洞的焦土,想着应该和月球表面差不多。恰恰相反,里头的森林、湿地、稀有动植物都很棒,甚至超过了我在北卡其他地方见过的。在这个靶场里,野火维持着开阔的林地景观。炮弹、燃烧弹和机枪弹都会引发野火,恰好成了无人区的自然干扰。由于野火频繁,即便在最长的一条路上,我们也只见到屈指可数的

---

① 参见 Wilson, J. Sexton, W. J. O., Jobe, R. T. & Haddad, N. M. (2013), "The relative contribution of terrain, land cover, and vegetation structure indices to species distribution models"(《地形、地被和植被结构有因子在物种分布模型中的相对贡献率》), *Biological Conservation*(《生物保育》)164: 170-176。

几棵树，剩下的区域都是开阔的草地。

为了寻找蝴蝶和它的栖息地，我们至少走了 16 公里，一路溯溪寻找湿地。淹水的地段十分难走，我们不得不顺着山坡的小道前行。这一路虽艰辛，但我们看到了很多好东西。我们见到了濒危的红冠啄木鸟（*Leuconotopicus borealis*），它的种群在这里得以恢复。我们向下朝小溪或湿地走去时，会经过一些表面渗水的山坡，这里的水来自山地高处，从沙土中缓缓渗出。渗水的山坡常年湿润，上面生长了许多少见的植物。有时，我们甚至一不小心就会踩到濒危植物，有糙叶珍珠菜（*Lysimachia asperulifolia*）和美洲秣草（*Schwalbea americana*）。我们遇到过身材高大的黄瓶子草（*Sarracenia flava*），更多的是紫瓶子草（*S. purpurea*）和红瓶子草（*S. rubra*），甚至还能见到捕蝇草（*Dionaea muscipula*）。这些植物令我不禁觉得，北卡简直就是食虫植物的天堂。

当我第一次走进米氏环眼蝶生活的湿地时，我整个人都惊呆了。这里和靶场外的那些栖息地简直是天壤之别。这里一望无垠，而且有很多米氏环眼蝶。在有限的时间里，我们无法准确估算数量，但我可以把看到的大致数一数。在一片不到 4 000 平方米的湿地里，短短 20 分钟内我就见到约 30 只。在我当天去过的 5 片湿地，种群的情况都差不多。与靶场外的情况相反，这些蝴蝶活得十分滋润。

自此，每逢夏天两代成虫的发生期，我们每个周末都会调查一次。在冬天，要与军方商定进靶场工作的日期。我们得准确预测出蝴蝶的活跃期，这可是我们的看家本领。利用历史数据，我的助手希瑟·凯顿可以精确地算出第一只蝴蝶出现的日子，这便是发生期的开始。通过地表总热量，我们可以预测蝴蝶的发生期。地表总热量大致是一段时间内日温差值的总和。希瑟能把米氏环眼蝶的首见日锁定到具体的某一天。在一两个月的范围内，这个预测是很准确的，但军方要求我们必须提前半年和他们敲定时间。①

诸事顺遂的一年里，我们调查了 8 片湿地。在我来之前的几十年里，有人曾在靶场里观察到另外 5 个种群。那时，军方还不允许我进去工作呢。加起来，靶场里的 13 个小型湿地几乎构成了米氏环眼蝶北卡亚种的整个分布区。

有舍才有得

去靶场调查了一次以后，我的保育观念出现了一百八十度的转变，射击训练带来的强烈干扰竟未对蝴蝶造成任何危害。靶场内的蝴蝶数量更多，这与我之前的假设恰恰相反。除了野火，靶场里还有几群日子过得十分逍遥的河狸，它们会垒坝围出一些小水塘。我在靶场里外观察到的情况简直天壤之别。在靶场里，多个种群散布在彼此相连的湿地里，因此，生活在完好栖息地里的蝴蝶可以迁移到受干扰区域去补充那里的种群。现在我可以确定了，这些干扰对蝴蝶种群并没有坏处。

亲眼所见的一切使我承认，在靶场外，我的保育措施几乎全错了。我们那些保育措施相当于把米氏环眼蝶装进了保险箱，就连自然干扰都赶走了。我现在认为，既然它们在已经这儿生活了如此之久，那么将来也一定会安全无虞。

这些错都出在我接手项目的第一年。那时，一群河狸正在一个新发现种群的下游垒着坝。生物学家担心它们的坝会越来越大，以至于最后把蝴蝶淹了。谁知第二年河狸就走了：工兵以我们的担忧为理由赶走了河狸。在随后的几年里，蝴蝶数量暴增，范围也扩张到了曾经积水的地方。然而，10 年后，在没有任何干扰的情况下，

---

① 关于把此项技术用于米氏环眼蝶和其他蝴蝶的信息，参见 Cayton, H. L., Haddad, N. M., Gross, K., et al. (2015), "Do growth degree days predict phenology across butterfly species"(《发育积温能预测多种蝴蝶的发生期吗？》), *Ecology*(《生态学》)96: 1473－1479。

这个种群却崩溃了。

我们什么也没干，却一下害死了不少蝴蝶。如果完全去除干扰，它们的栖息地将会迎来一系列自然演替的过程，先被灌木覆盖，最后长满乔木。这样的林地里是不会有寄主植物的。随后，乔木会从土壤中汲取大量水分，进而让湿地变得更加干燥。这样一来，米氏环眼蝶的栖息地就彻底完了。讽刺的是，我们本想救蝴蝶于水火之中，却把它们推进了另一个火坑里。靶场给我上了一堂看似说不通的课：想要拯救蝴蝶，我们必须舍得其中的一些个体，这样才能让一个物种活下去。①

和我在靶场外所做的不同，靶场里的环境变化十分剧烈。火烧和水淹不断塑造着栖息地，在毁灭的同时开启着新生，使寄主植物和栖息地得以循环往复。在这里，我亲眼所见，炮火能把自然干扰和栖息地质量维持在人类踏足这片区域以前的水平。这个过程主要通过以下两方面来实现。②

第一，射击训练引燃的火扮演了野火的角色。在人类踏足此地之前，野火是维持森林与湿地平衡的主要力量。树木年轮上的火烧痕迹和其他证据表明，这里每隔一到三年就会被火烧一次。历史上，雷电击中林下的枯草丛时，就会引发野火，之后火势蔓延，从一个地方烧到另一个地方。

---

① 我第一次看到"总要牺牲一部分"这种说法是在拉里·奥尔萨克（Larry Orsak）的文章里，我沿用这个说法来指代干扰的作用，而他是指通过养殖亚历山大鸟翼凤蝶（*Ornithoptera alexandrae*，世界上最大的蝴蝶，雌蝶翅展在30厘米以上，雄蝶具有华丽而高贵的蓝绿色金属光泽。该蝶仅分布于巴布亚新几内亚的几条山脉，自发现以来，备受收藏家追捧，也因此一度濒危。该种已被列入CITES附录Ⅰ保护物种，但走私依然难以遏止）出售给博物馆和收藏家的方式来减少野外采捕。参见Orsak，L. J.（1993），"Killing butterflies to save butterflies：A tool for tropical forest conservation in Papua New Guinea"（《通过"屠宰"蝴蝶来保护蝴蝶：巴布亚新几内亚热带森林的一种保育措施》），*News of the Lepidoplerists' Society*（《鳞翅学会信息》）：71－80。

② 参见Frost，C. C.，Walker，J. & Peet，R. K.（1986），"Fire-dependent savannas and prairies of the Southeast：Original extent，preservation status，and management problems"（《美国东南部依赖火烧维持的稀树高草草原和大草原：原始分布区、保存现状和管理问题》），in Kulhavy，D. L. & Connor，R. N. eds.，*Wilderness and Natural Areas in the Eastern United States：A Management Challenge*（《美国东部的黄页地和自然区域：管理面临的挑战》）（Nacogdoches，TX：Center for Applied Studies，School of Forestry，Stephen F. Austin State University），pp. 348－357。

如此一来,炮火取代野火的靶场便成了一类独特的栖息地。鸟瞰之下,这些靶场宛如一个个甜甜圈。各类武器从其外围向中心射击,弹壳抛落到甜甜圈的洞里,弹头则从空中飞过去。最常见的情况是,向甜甜圈里射击的机枪会点燃植被。靶场里每年都会因射击引发火烧。米氏环眼蝶的生存离不开这样的火烧。

在某些年份里,尤其是天干物燥的时候,火会蔓延到湿地里。那时,米氏环眼蝶就会有危险。然而,火烧限制了灌木和乔木的生长,维持着开阔的草地。靶场外的情况则有所不同。在那儿,山上的森林也会每年着火。但是,由于历史原因,那里的火并不会烧到湿地里去——溪岸茂密的森林变成了防火带。这种管理方法的问题是,火无法烧到湿地里去。眼下,我在竭尽全力地说服林务官放下保守的想法,并烧掉一部分过密的林地来重置自然状态。

靶场保护米氏环眼蝶的第二个方法,是养了一群无忧无虑的河狸。在靶场里,这些小动物不会被人打扰。在靶场外,人们一见它们垒坝就要把它们轰走。靶场里没有多少人类活动,河狸就可以过得很逍遥了。

与其他蝴蝶不同,米氏环眼蝶出奇地依赖河狸。一个世纪前,当人们捕光了北卡和美国东海岸的大部分河狸时,米氏环眼蝶的栖息地也不见了。对蝴蝶来说,河狸消失和建起军事基地这两件事并非偶然。①

如今,河狸的种群也得以恢复,在北卡的数量还不少。然而,它们似乎并未影响到蝴蝶的种群。与其他河狸筑起的池塘相比,我在靶场里看到景象大不相同,其数量和规模都令我过目难忘。

生态学家常把河狸誉为生态系统的工程师。河狸和它们垒起的坝在改造自然环境的同时,也为多种动植物创造出了难得的生境。河狸的行为最终是对米氏环眼蝶有利的。刚开始的时候,积水

---

① 米氏环眼蝶指名亚种的生存也得益于河狸的活动,但其他因素也可以维持它生活的栖息地。

只对水生动植物有利，对那些不耐涝的物种却不利，多种灌木、藤蔓和乔木被淹死。然而，只要光照充足，莎草可在潮湿乃至积水的环境中茂密地生长。河狸的水塘排干后不久，这类植物就会出现。

在靶场外，我仍在不断寻找蝴蝶、河狸和人类三者需求之间的平衡。在担任布拉格堡生物学专家一职时，布赖恩·鲍尔亲历了“人们正在慢慢地认识河狸的天赋”的过程。虽然米氏环眼蝶无法生活在被水淹的地方，也无法生活在茂密的森林里，但适合它们的栖息地都是河狸曾经生活过的地方。随着水塘排干，这些地方成了莎草的天堂——潮湿泥泞而又阳光明媚。河狸搬走后的湿地看起来像一片草地，里面只有些许灌木丛和乔木。几十年来，正是河狸周而复始地垒坝和搬家维持着适合蝴蝶生存的环境。

蝴蝶既怕水又怕火。但靶场里的水与火从未消停过。这些干扰在米氏环眼蝶的栖息地上不停地上演。这里的蝴蝶栖息地不断变化着，旧栖息地消失往往伴随着新栖息地的出现，米氏环眼蝶则一直欣欣向荣。亲眼所见不仅改变了我对米氏环眼蝶的保育方法，也转变了我的整个保育观念。

一点建议

如果所有的栖息地都被水淹了，或者被火烧了，那么米氏环眼蝶就会灭绝。而在大自然的平衡下，并非所有的栖息地都会同时遭受干扰。干扰发生后，未受损的种群会扩散到新的栖息地里建立种群。这是种群动态的经典案例。干扰会造成一些种群消亡。但同时，种群扩散会修复受损的种群。我的团队一直在细化策略，以在种群恢复中建立适宜的平衡。说到底，我们就是得牺牲一些蝴蝶来拯救全部种群。

我希望能总结一套系统的技术，为米氏环眼蝶提供必要的干扰。我联想到了谢丽尔·舒尔茨为伊卡爱灰蝶研发出的那套策略，她提出每年需要烧掉三分之一的草原以保护那种蝴蝶的栖息地。对米氏环眼蝶而言,这个问题将因为两种干扰同时存在而更具挑战性。确定两者间相对适合的频率,将是米氏环眼蝶保育领域的一个新课题。

要动真格的了

十几年来,我的保育和恢复工作都是被动型的。我一直以为,天无绝"蝶"之路。然而,这种甩手掌柜的态度在促使栖息地退化。我们需要转变观念和方法,积极果断地制造适宜的干扰,以保护蝴蝶的栖息地。

我们有以下三种备选方式。第一,这个方法最直接,但很难开口:让军方调转枪口向靶场外开火。这简直是天方夜谭,毕竟这会威胁到基地里其他区域的安全。

第二,自然资源管理部门可以定期点火,将森林湿地变为草地型湿地。为此,他们得改变长期以来把湿地当成防火带的做法。一直以来,人们利用湿地阻遏火势蔓延,以防基地外面的农地和房屋受害。可以预见,今后湿地将像山坡上的森林一样被定期火烧,现在的频次是每两三年一次。这个间隔时间太长了,不能满足恢复米氏环眼蝶种群的需求。

前两个方法看来都行不通,我就朝着第三个方案去了——让我的学生学着干河狸的活儿。为了达到这个效果,我的团队开展了一些景观生态学实验,以确定如何模拟河狸的行为最好。河狸建造湿地有两种模式:一种是通过垒坝来制造小水塘,另一种则是通过清除木本植物来减少植被的耗水量。为了测试这些活动对米氏环眼蝶种群的影响,我们设计了 4 组处理,它们分别是:只垒坝、只清除木本植物、既垒坝又清除木本植物、空白对照(不进行任何处理)。

在只垒坝的实验中,我们发现临时建坝能在短期内制造出适合的湿地,而且效果比河狸垒出来的坝要好。我们请 AquaDam 公司为我们定制一些塑胶坝(彩版图 10,下图)。AquaDam 的产品一般都很大,足足有 3—6 米高,可以用来蓄水。难怪在我们下单时,公司销售员打趣地说我们要的是“宝宝坝”。我们的坝长约 46 米。建坝时,我们从附近的溪流把水抽到塑胶管里,将它充到 90 多厘米宽、60 厘米高的样子。充入塑胶管里的水可以稳定坝体形态并固定其位置,以拦截溪流蓄水。我们的目标,是在坝后形成一个积水区。离坝越远,水位就越低,在坝体后 9 米的地方就是土地了。在更远的地方,土壤将处于水分饱和的状态。同时,坝体可以使漫过它上方的水散布开来,在下游形成一片漫水的开阔地。即使未被完全淹没,也能清除掉不耐涝的植物,并为蝴蝶的寄主植物提供所需的潮湿环境。

学着河狸,我们也清除了一些木本植物。河狸就是这样给森林开林窗的,让光线照到地上,同时无意间也减少了水分的消耗。最终的效果是,清除木本植物增加了米氏环眼蝶的栖息地的面积。现在,没有河狸帮工,也没大型机械可用(政府禁止在湿地里使用机械),我们只得另辟蹊径了。

这个时候,当大学老师的优势就体现出来了,学校里从来不缺学生,而且个个都有使不完的劲儿。他们的技术和精力跟河狸不相上下。在冬天树木落叶后,技工们就去砍树,劈成一米不到的木段。到了第二年春天,成队的学生一个接一个地把木段从湿地拖到附近的森林里。尽管这活儿又脏又累,但我们最终还是开出了 20 片 1 000 多平方米的湿地。

我们的砍树实验造就了不少潮湿的泥坑,不少适应这种干扰的植物很快就长了起来。没多久,裸露的泥土就变成了茂密的草丛。很快就长满了米氏环眼蝶的寄主植物。

不到一年,米氏环眼蝶就住进了实验区,被我们砍过树的那片尤其多。蝴蝶的反应之快,令我们惊讶不已。我们特意把其中一个实验区选在了便于蝴蝶迁来的地方，这个区域离已知的种群还不到200米。尽管这个距离不算远，但我们并不确定蝴蝶能否在一年之内扩散过来。从第一年起，每逢夏天，我们就跑到这儿调查数量。尽管蝴蝶总量一直不高，但种群一直都存在着。

另一片实验区则远离所有的种群。这个实验区的设置也有其特殊意义，它正是当年首次发现北卡亚种的地点。蝴蝶被发现后不久，各种天灾人祸加在一起使这个种群绝迹了。为了检验我们的实验效果，在周边没有蝴蝶种源的情况下，我们就得人工引入蝴蝶了。通过投放人工饲养的蝴蝶来代替自然扩散的过程。

在做野外实验的同时，我们也开始人工饲养米氏环眼蝶。养蝴蝶的过程有很多关键技术环节，其中任何一个出了问题，整个饲养的种群就会崩溃。大体上，整个过程与小孩儿们从野外找回幼虫，给它们喂食，看着它们化蛹，等待它们羽化成蝶后再放飞没什么区别。

我没料到这件事会拖我们的后腿。养蝴蝶看起来简单，到了米氏环眼蝶身上却困难重重。首先，我们在野外几乎没见过幼虫，所以我们改成捕捉雌蝶。交配后的3天里，雌蝶就只产卵。如果捉到雌蝶养在虫笼里，每只最多可以产50粒卵。雌蝶并不难捉，但我们总怕捉得太多了会影响野生种群。我们觉得，能够承受我们捕捉的种群就是靶场里的那些。

我尽量把进靶场的时间安排在米氏环眼蝶成虫活动的那几天。即使那样，我们也常遇到一些困难。布赖恩·鲍尔曾打趣地比喻道："雄蝶就像酒吧里的男人，来得早待得久，就是不着家。"通常，雄蝶出现得比较早，而雌蝶则出现得迟一些。我们几次进到靶场，都只见到了雄蝶。终于，在一次愉快的调查途中，我带回了3只雌蝶。

为了养出足够的蝴蝶，我们在实验室里引诱雌蝶产卵。装置很简单：我们把单个雌蝶放在中等大小的花盆里，再从寄主植物上切下几根叶子，将切口用湿纱布包住，然后把寄主放到花盆底部，最后再在花盆口上蒙一块纱网。我们就这样等了一两天。大多数时候，雌蝶只会呆坐在花盆里一动不动。在野外，米氏环眼蝶也十分宅，但雌蝶产卵必须有足够的运动。因此，我们绞尽脑汁地“鼓励”它们多运动，我们用风扇给它们吹风，用喷雾器给它们下雨，还时不时地晃几下花盆。平均下来，在两天的时间里，这些雌蝶每只产了20个左右的卵。

成功套到了卵，接下来的事情就容易了。过了大约一周的时间，卵就孵化出了幼虫。我们小心地将新生的幼虫放到寄主植物上，给只有6毫米长、头发丝粗的幼虫搬家可不容易。只要有食物，幼虫们吃着吃着就长大了（彩版图10，上图）。我们制作了一个精巧的装置来饲养幼虫：装置模仿自然界的湿地，小水塘里长着植物，并盖上防止幼虫掉入水中的网格，植物上方也罩了纱网，在防止幼虫逃逸的同时也隔离了捕食者（主要是小蜘蛛）。大约过了一个月，幼虫就化蛹了；又过了一周，蝴蝶羽化了。

现在，我们有了实验所需的蝴蝶，我真心希望这是我们要克服的最后一个障碍。我们实在没法撮合养出来的蝴蝶交配，如果我们可以的话，我们就能在温室里收获一代又一代的蝴蝶，它们还能比野外的蝴蝶繁衍更多后代。即便我们照搬了饲养其他稀有蝴蝶（如斑凯灰蝶和阿里芷凤蝶）的成熟技术，我们目前仍无法攻克这一难题。到目前为止，我们只在饲养种群里观察到4次交配。

2012年，我的团队把养出的蝴蝶带到实验点释放。然后我们只能静静地等待。如果这样做有效的话，几个月后我们就会见到新生的蝴蝶。我们把人工释放的蝴蝶做了标记，以便和野生的个体区分开来。在实验点，无论是我们的生态实验还是蝴蝶放飞都会导致新个体的出现。因此，当我们发现没有标记的蝴蝶时，我们就知道它们已经在这里过了一代。此后的每年，我们都会释放20只到30

只蝴蝶,其中的一些个体繁殖出的数量可以有十倍之多。

首次释放后的几年,2012 年我们见到了 11 只野生蝴蝶,2013 年有 106 只,2014 年有 175 只,2015 年就增加到了 617 只,到 2016 年时已有 751 只之多。至此,我们在靶场外见到的所有米氏环眼蝶都分布在恢复区里了。[①]

我从生态实验的结果里发现了不少东西。首先,蝴蝶主要迁入了我们砍过树的地方,而塑胶坝的作用并不大。其次,要成功恢复米氏环眼蝶,我们必须每隔几年就释放一批饲养的个体,而不能一劳永逸。第三,通过人工干扰恢复生境的有效期是有限的,只要几年,自然演替就会降低栖息地质量,我们目前还在测试最佳的干扰强度和频率。第四,令我惊讶的是,我居然没有发现近亲繁殖给蝴蝶带来什么负面影响。在整个过程中,每年都只有 3 只到 5 只雌蝶产下后代,2016 年恢复区里的 751 只蝴蝶最多来自 30 只雌蝶。每年春天,我都提心吊胆,生怕看到种群崩溃。或许是种群已经有了足够大的规模,到目前为止,我还没有看到近交衰退[②]的端倪,越往后,这种担忧就越小了。最后,种群增长并不是永续的,它们的规模都会受到自然界的限制,资源量就是一个常见的限制因素。然而,栖息地里寄主植物茂密,这种可能性也很小。另一个常见因素则是天敌或疾病,我们观察到一些蜻蜓和蜘蛛会捕食蝴蝶,其中灰蓝池蜻(*Erythemis simplicicollis*)和黄金蛛(*Argiope aurantia*)捕食的情况较多。当种群数量足够多时,米氏环眼蝶就会被天敌所捕食。情况好的话,即便被捕食一些,种群也能稳定维持在一定的数量。近年来,我们所见的数量已经达到了空前的高位,因此自然界很可能会

① 有关从栖息地恢复到引种再到种群增长的过程,参见 Cayton, H., Haddad, N. M., Ball, B., et al. (2015), "Habitat restoration as a recovery tool for a disturbance-dependent butterfly, the endangered St. Francis' Satyr"(《栖息地修复可作为需要扰动的蝴蝶的恢复措施:以濒危的米氏环眼蝶为例》), in Daniels, J. C. ed., *Butterfly Conservation in North America*(《北美蝴蝶保育》)(Dordrecht, Netherlands: Springer), pp. 147 – 159。

② 近交衰退指由于长期的近亲繁殖所引起的后代生理功能衰退,适合度降低,甚至无法在野外生存的现象。——译者注

将其调节到一个合理的水平。

要完全恢复米氏环眼蝶,我们还必须在军事基地以外的区域建立起新的种群。基地周边的保护地看起来不错,我们需要和土地信托或其他保育机构合作,从里面划出一部分土地来开展工作。同时,我们会用项目组研发出来的修复技术制造一些湿地。如果那里没有寄主植物,我们就要从植被恢复做起。当条件合适的时候,我们就可以释放米氏环眼蝶了。历经 15 年的艰辛,我总算掌握了米氏环眼蝶的天性和栖息地特性,看着我们的工作逐步推广开来。

米氏环眼蝶称得上最稀有的蝴蝶吗?我认为,它配得上这个称号。它的全部分布范围就只有一个军事基地那么大,而在基地内,它也只能窝在几个靶场当中的小湿地里。它如此依赖干扰程度适宜的湿地,因而分布区域受到极大的限制。即便我们竭尽所能地保育和恢复,它的分布区也最多只有 40 多公顷那么大。无论拿什么标准来评价,它都是名副其实的稀有。

在靶场外,我可以用 700 只蝴蝶的数量来估算种群规模。在靶场内,我可以从每年 4 次调查的数量估算出种群规模。在我们调查的 8 个点中,有三四个种群的数量与恢复区相当。靶场里去不到的地方可能还有几个种群。林林总总加起来,米氏环眼蝶在这里也不过几千只而已。从数量的角度看,这种蝴蝶也很稀有。即使在靶场里,我也只能在那 8 公顷的湿地里见到它,更何况这些区域是多数人无法踏足的。种群如此小,又偏居一隅的蝴蝶,真算得上世间稀有了。

阿里芷凤蝶

过去的迈阿密是另一番景象，并非今天这样的海滨都市。1900年，这里也才生活着几百上千人而已，还不到现在市区人口的千分之一。在迈阿密扩张之初，一种本土蝴蝶就被人发现了，它就是阿里芷凤蝶北美亚种（*Heraclides aristodemus ponceanus*）。① 根据1898年采集到的一个标本，昆虫学家威廉·绍斯在1911年发表了一篇论文描述了这个新亚种。阿里芷凤蝶的个头很大，和君主斑蝶差不多，翅上黑底黄条的配色十分醒目（彩版图11）。这篇简短的论文在最后一行只用了一个词就说清了它的产地——“迈阿密”。随着迈阿密的不断扩张，阿里芷凤蝶的分布区变得比斑凯灰蝶还要窄，种群数量也下降得更快。②

阿里芷凤蝶的栖息地，是脆弱的海滨常绿阔叶林（彩版图12，

---

① 参见 Schaus, V. V. (1911), “A new *Papilio* from Florida, and one from Mexico (Lepid.)”（《佛罗里达州和墨西哥的一个凤蝶新亚种》）, *Entomological News*（《昆虫学信息》）22: 438－439。

② 参见 Williams, L. K. (1983) (revised by P. S. George, 1995) South Florida: A Brief History. Historical Museum of South Florida, web. arcive. org/web/20100429002717/http://www. hmsf. org/history/south-florida-brief-history. htm, accessed on Nov. 9, 2018. US Census Office, 1901, Census Reports, vol. 1, 12th Census of the United States (1900)。

下图)，这种阔叶林长在海滨石灰岩的泥土上，不但要光照充足，还必须排水良好，这种岩石和土壤形成的生境也被叫作松岩。在迈阿密，大部分地区都有石灰岩，但不耐水淹的海滨阔叶林只能分布在较高处，低矮处是红树林和沼泽。海滨阔叶林里生长着各种各样的树木，包括裂榄(*Bursera simaruba*)、粉叶苦木(*Simarouba glauca*)和金榕(*Ficus aurea*)等。这些树木在森林的上层形成郁闭的树冠。阿里芷凤蝶的飞行方式非常适合这种生态系统，它们经常在林窗一闪而过，然后从树下穿过茂密的森林。

阿里芷凤蝶每年只有一代，成虫在春末夏初活动，寄主植物是火炬木(*Amyris elemifera*)和崖椒(*Zanthoxylum fagara*)。幼虫(彩版图 12，上图)在树龄适中的植物上生长得最好，太幼小的植物难以承受高龄幼虫取食，而太老的植物叶片太硬且没有营养。理想的寄主植物都生长在森林边缘，不停地萌生着鲜嫩美味的叶子。成虫则更喜欢在阳光和树荫之间穿梭飞行，它们边飞边寻找适合的寄主植物产卵。

阿里芷凤蝶最理想的栖息地是飓风过后的产物，干扰会塑造出适宜蝴蝶的各种环境。飓风会破坏掉郁闭的乔木层和灌木层，这就为寄主植物的生长创造了有利条件，同时也为番石榴(*Psidium guajava*)、羊角藤(*Morinda royoc*)等蜜源植物带来了机会。但是，就像我们在斑凯灰蝶的案例里提到的，飓风造成的干扰有时会过于剧烈。当风眼扫过森林附近时，强风会把树木连根拔起，强大的风暴潮也会淹没那里。海滨阔叶林带只比斑凯灰蝶生活的沙丘高出几米，这就足以减少风暴潮造成的破坏。如果飓风距离森林稍远一点的话，它带来的干扰就有益了。和很多蝴蝶一样，适度的干扰会对阿里芷凤蝶有积极的作用。

除了影响栖息地的质量，飓风及其带来的强降雨还会改变阿里芷凤蝶的生长节奏。阿里芷凤蝶有一种适应机制，只有在雨水充足、寄主植物茂密的季节里，成虫才会羽化出来。如果环境太干燥，它的成虫就可能会推迟一年或更长的时间才出现。[①] 在佛罗里达南部,这种现象和降雨的季节性十分契合。每年,这里的雨季大约会持续 5 个月,之后便进入旱季了。假如春季细雨绵绵,那么蝴蝶的数量就会激增。而在秋季,飓风带来了雨水,蝴蝶会在当年内就完成生活史。若是遇上长期干旱,寄主植物就难以生长,要是成虫这时候羽化出来就会找不到适合的寄主产卵。因此,在干旱年份推迟羽化的能力,便成了蝴蝶应对不定环境的法宝。

在本书里,不规则的发生期会造成一个问题,即给我们在通过成虫来估算数量时带来很多不确定性。我们观测到的数量在风调雨顺时较高,在干旱年份却较低。这种差异不但不可预测,而且会降低年度计数的准确性——数量减少可能是气候的问题,也可能是种群真的衰退了。例如,路易斯维尔大学的生物学家查尔斯·科维尔(Charles Covell)曾在 20 世纪 70 年代中期记录到极低的数量,这在很大程度上就是因为干旱。[②]

一处伤心地

北美亚种被发现的时候,恰好也是迈阿密市开始疯狂开发的时候。在 20 世纪上半叶,市区迅速扩张,很多北方人迁到了温暖的迈阿密避寒。快速扩张的城市吞噬了不少海滨常绿阔叶林。刚被发现不久,这种蝴蝶就险些完蛋了。在 20 世纪 20 年代初,迈阿密市区就见不到它的踪影了。1924 年,在佛罗里达州大陆,人们在椰林这个地方最后一次看到它。那里现在已经被包裹在钢筋水泥森林里,变成了迈阿密的一个社区。当时在迈阿密以外还没有记录过阿

---

① 有的蝴蝶具备因环境调整蛹期休眠长短的适应性能力,在生物学上叫作滞育,即暂缓停止发育来对抗恶劣环境。——译者注

② 参见 Covell, C. V. (1977),“Project Ponceanus and the status of the Schaus swallowtail (*Papilio aristodemus ponceanus*) in the Florida Keys”(《庞齐亚努斯计划和阿里芷凤蝶的生存现状》),*Atala*(《西思学会学报》) 5: 4-6。

里芷凤蝶，大陆种群的绝迹就等于宣告了这个亚种灭绝。

然而，它死而复生了。从大陆上消失后不久，人们就在佛罗里达群岛见到了这种蝴蝶。在此后的十多年里，从这条延绵数百公里的岛链的东三分之一段采来的标本中都有它。其中，两个重要的分布区是迈阿密以南的拉戈岛和向西 48 公里的下马特昆比岛。

可惜好景不长。1935 年，一场天灾几乎荡平了它的栖息地。那年劳动节的大西洋飓风是最强烈的，飓风横扫了蝴蝶分布区的西侧，摧毁了下马特昆比岛上的一切。档案照片里，飓风过后的小岛满目疮痍，其中最令人难忘的是一张记录了跨海列车被倾覆的照片（图 7.1）。[①]

图 7.1　佛罗里达州下马特昆比岛上被 1935 年劳动节飓风倾覆的火车；佛罗里达州立档案馆供图

① 1935 年的飓风强度以中心压力强度计量，参见 https://www.nhc.noaa.gov/outreach/history/#keys。

1940年,弗洛伦斯·格里姆肖(Florence Grimshawe)敲响了阿里芷凤蝶的丧钟。她和搭档常年都在采集和饲养蝴蝶。她的文章《悲伤的地方:世界上最稀有的蝴蝶》("Place of Sorrow: The World's Rarest Butterfly")似乎预示了我要把阿里芷凤蝶纳入本书。她写道:"马特昆比,在失传的卡鲁萨①印第安语里的意思是'伤心地'。对鳞翅学家来说,这个地名就像大沼泽一样神秘莫测,也隐喻着物种灭绝的悲伤。"在描写了她和这种蝴蝶的邂逅后,格里姆肖又说道:"阿里芷凤蝶就这样没了,海滨的沙丘和美丽的森林也消逝在了狂风巨浪里。"②

1938年,蝴蝶爱好者威廉·亨德森(William Henderson)调查了阿里芷凤蝶消失的原因。为了找到答案,他竭尽所能地搜罗了这种蝴蝶的所有采集地点和时间,并编制了一份完整的历史记录。工作伊始,他就假定1935年以后再没有记录了。他的方法很简单,就是统计博物馆和收藏家所有的阿里芷凤蝶标本。

由于蝴蝶标本下方就是采集标签,标签上记录了采集时间和地点,这就为亨德森的工作提供了极大的便利,采集时间和地点就是他所要的信息。他发表了第一份记录,里面有24个标本,其中还包括发现者威廉·绍斯采获的第一只标本。这份记录很快就成了一纸倡议,引起了鳞翅学家的关注。他们给亨德森发来了自己的标本记录。在接下来的7年里,亨德森又做出了3份记录,覆盖78个标本。其中,有5个标本是1925年以前在迈阿密采集的。对人们认为已经灭绝了的蝴蝶,这3份记录给出了3个惊人的结论:第一,有5个标本是1940年至1943年在拉戈岛采集的;第二,多数标本是1935年至1945年在下马特昆比岛采集的;第三,弗洛伦斯·格里姆

---

① 卡鲁萨(Caloosa,也作Calusa)是生活在今天佛罗里达州西南部海岸线一带的印第安人。——译者注

② 格里姆肖笔下生动的故事总结道:"下马特昆比岛长期以来都是博物学家的天堂,那里曾经到处是新奇的植物和在阳光下奔跑的孩子。而今,它却像一只受了重伤的动物,躺在地上喘着粗气等死。下马特昆比岛真成了一个'伤心地'。"参见Grimshawe, F. (1940), "Place of sorrow"(《伤心地》), *Nature Magazine* (《自然杂志》) 33: 565-567, 611。

肖一个人就采集了 66 个标本。显然,格里姆肖为阿里芷凤蝶的哀悼为时过早了。[①]

尽管阿里芷凤蝶并没有灭绝,但它也并不多见。1955 年,在写给蝴蝶收藏家和研究人员的信里,印第安纳大学的动物学家弗兰克·杨(Frank Young)曾透露了收藏的热点。杨在他的考察团到达下马特昆比岛时说:“您应该在这里停下来找找阿里芷凤蝶。不用太担心保护的问题。哪怕只见到一个标本,您都会高兴得不得了。”[②]几乎同时,美国自然历史博物馆的亚历山大·克洛茨却警告说:“习惯滥捕的收藏家们的过度采集,是造成它的数量严重下降的原因……我相信多数人都有足够的动力来保护它们,并拒绝购买标本。”[③]这些话语恰如其分地道出了那个时代的特点:蝴蝶收藏是一种主要的消遣,而保育意识尚在萌芽。

从放任到保护

在阿里芷凤蝶的传奇淡出江湖十多年后,对它的研究和保育登上了舞台。

20 世纪 70 年代,围绕阿里芷凤蝶的研究和保育工作进入加速发展阶段,这时的标志,是人们开始用标准方法来估算它的数量。过去,人们通过馆藏标本已经确定过它的种群大小和分布范围。现在,蝴蝶专家们将踏上有阿里芷凤蝶分布的群岛,并用上几天时间

---

① 参见 Henderson, W. (1945),“*Papilio aristodemus ponceana* Schaus (Lepidoptera: Papilionidae)”(《阿里芷凤蝶北美亚种》),*Entomological News* (《昆虫学信息》)56: 29 - 32; Henderson, W. (1945),“Additional notes on *Papilio aristodemus ponceana* Schaus (Lepidoptera: Papilionidae)”(《阿里芷凤蝶北美亚种附记》),*Entomological News* (《昆虫学信息》)56: 187 - 188;以及 Henderson, W. (1946),“*Papilio aristodemus ponceana Schaus* (Lepidoptera: Papilionidae) note”(《阿里芷凤蝶北美亚种评述》),*Entomological News*(《昆虫学信息》) 57: 100 - 101。

② 参见 Young, F. N. (1956),“Notes on collecting Lepidotpera in southern Florida”(《佛罗里达州南部的鳞翅目昆虫采集状况评论》),*Lepidopterists' News*(《鳞翅学家信息》) 9: 204 - 212。

③ 参见 Klots, A. B. (1951),*A Field Guide to the Butterflies of North America, East of the Great Plains*(《北美大平原东部蝴蝶野外辨识手册》)(Boston: Houghton Mifflin)。

来计数观测到的个体。1970年，弗兰克·鲁特科斯基（Frank Rutkowski）在拉戈岛上观察到了35只；1972年，比斯坎国家公园里，在拉戈岛东北方的一个小岛上，南佛罗里达大学的生物学家拉里·布朗（Larry Brown）每天都能看到100只；同年，路易斯维尔大学的生物学家查尔斯·科维尔在比斯坎国家公园见了15只，还在拉哥岛上见到了另外一些。这些报告证实了阿里芷凤蝶并未灭绝的事实，但其种群在这些偏远的小岛上也依然在减少。①

说到阿里芷凤蝶的命运，就有两派不同的观点。令我惊讶的是，其中的一派仍然持乐观态度。1973年，科维尔和乔治·罗森（George Rawson）总结了一种普遍的观点："土地开发、农药施用和过度采集似乎对阿里芷凤蝶的影响不大，它并没有灭绝的风险。在拉戈岛上，开发确实构成了一定的威胁，但问题也不大。"②那时，阿里芷凤蝶都分布在保护地里，现实的威胁确实触不到它。那么，它们是否需要更严的保护呢？如果有一天"问题不大"变成了问题很大，人们一定要吓掉下巴。在我的印象里，造成这种转折的意外因素，就是群岛在70年代中期迎来的开发狂潮。

随着人们越来越了解这种蝴蝶，另一派观点开始出现了。保育学者们对其持续下降的数量和生存力深感担忧，他们希望像保护哺乳动物、鸟类和鱼类一样来保护这种蝴蝶。但在那时，不仅是阿里

---

① 参见Rutkowski, F.（1971），"Observations on *Papilio aristodemus ponceanus*（Papilionidae）"（《阿里芷凤蝶北美亚种的观察》），*Journal of the Lepidopterists' Society*（《鳞翅学会学报》）25：126－136；Covell, C. V. & Rawson, G. W.（1973），"Project Ponceanus：A report of the first efforts to survey and preserve the Schaus Swallowtail（Papilionidae）in southern Florida"（《庞齐亚努斯计划：佛罗里达州南部阿里芷凤蝶调查和保育初报》），*Journal of the Lepidopterists' Society*（《鳞翅学会学报》）27：206－210；以及Brown, L. N.（1973），"Populations of *Papilio andraemon bonhotei* Sharpe and *Papilio aristodemus ponceanus* Schaus（Papilionidae）in Biscayne National Monument, Florida"（《佛罗里达州比斯坎国家公园的蕊芷凤蝶和阿里芷凤蝶种群》），*Journal of the Lepidopterists' Society*（《鳞翅学会学报》）27：136－140。

② 科维尔和罗森也记录了他们在距离迈阿密最近的拉戈岛上看到的一些开发活动；参见Covell, C. V. & Rawson, G. W.（1973），"Project Ponceanus：A report of the first efforts to survey and preserve the Schaus Swallowtail（Papilionidae）in southern Florida"（《庞齐亚努斯计划：佛罗里达州南部阿里芷凤蝶调查和保育初报》），*Journal of the Lepidopterists' Society*（《鳞翅学会学报》）27：206－210。

芷凤蝶,想要保护任何无脊椎动物都近乎天方夜谭。然而,受到1973年颁布的《美国濒危物种法案》的鼓舞,环保运动的呼声不断地高涨起来。

蝴蝶专家开始出声反对政府主导的保护,他们担心这样的保护会限制他们采集研究所需的标本。弗兰克·鲁特科斯基不仅担心阿里芷凤蝶会受到土地开发和蝴蝶收藏的威胁,他还担心过度保护反而会损害蝴蝶的种群规模。他的第二个担忧看似不合时宜,但反映出过度保护栖息地反倒会造成其衰退的事实。[①] 这种先见之明,来自他对栖息地需要依赖自然干扰的观察。类似的现象也出现在其他需要自然干扰才能维持的稀有蝴蝶身上,包括米氏环眼蝶、伊卡爱灰蝶和霾灰蝶。

保护的态度占了上风。在20世纪70年代初数量下降后,根据《美国濒危物种法案》,美国政府于1976年4月28日将阿里芷凤蝶北美亚种列入了受威胁和濒危物种名录里。这一举措恰如一个分水岭,极大地改变了蝴蝶保育的前景。在这个颇具历史意义的事件发生后的一个月内,有6种加利福尼亚的蝴蝶也被列到了名录里。在美国和其他地方,蝴蝶保护事业得到了更大的发展,学者和机构投入更多人力物力来记录稀有蝴蝶的数量和变化趋势。量化的数据成了评判稀有物种和评估威胁因素的依据。

我问麦圭尔鳞翅目和生物多样性中心的主任贾里特·丹尼尔斯,为什么阿里芷凤蝶是第一种被法律保护的蝴蝶?他列出了以下几点理由:它的外观大而美丽,由于佛罗里达群岛开发,以及其他威胁,它在30年代险些灭绝。光凭这几点,它就足以和那些反对的声音抗衡了。

保护阿里芷凤蝶的行动巩固了保育政策。蝴蝶专家罗伯特·派

---

① 值得注意的是,鲁特科斯基在他论文的最后一段完美地描述了阿里芷凤蝶的种群动态;参见Rutkowski(1971),"Observations on *Papilio aristodemus ponceanus* (Papilionidae)"(《阿里芷凤蝶北美亚种的观察》),*Journal of the Lepidopterists' Society*(《鳞翅学会学报》) 25: 126－136。

尔(Robert Pyle)说:“在过去的半个世纪里,鳞翅目及其栖息地的保护,已经从当初的冷门学科发展成了现代保护生物学中最活跃的分支学科。”①如此广泛的关注和法律的认可又反过来为研究注入了新的活力。

只可惜,即使得到了更多的保护,阿里芷凤蝶的数量还是一直在减少。1984 年,国家公园管理局的生物学家威廉·洛夫特斯(William Loftus)和詹姆斯·库什兰(James Kushlan)报告说,在 1979 年到 1981 年,每年只能见到 12 只或更少的成虫,数量十分稀少。1982 年,他们观测到了 30 多只,数量略有增加。他们将 1981 年的低种群规模归因于冬季干旱,认为那个冬季阻碍了寄主植物的生长,进而影响到了幼虫的生存;而 1982 年的数量增加则归功于湿润的春季,寄主植物的长势要好得多。② 事实上,在 1982 年的时候,它的种群数量也很低,人们因此有了新的疑问:仅仅把阿里芷凤蝶列为受威胁物种是否合理?假如它已经处在灭绝的边缘,那么它就应该被列为濒危物种。

在迈阿密附近的几处群岛上,阿里芷凤蝶顽强地活了下来。直到最近,那里的人类活动仍十分有限,因而尚未威胁到蝴蝶的生存。佛罗里达群岛的范围很大,海滨常绿阔叶林足以成为蝴蝶的避难所。直到 1977 年的时候,查尔斯·科维尔还相信:“比斯坎国家公园的面积足够大,并且有维持种群生存所必需的环境条件。”③

然而,命运很快就起了波澜。蝴蝶的栖息地在海滨较高的地方,那里也适合人们开发建房。膨胀的人口从迈阿密向南迁移,并

---

① 参见 Pyle, R. M. (1976), “Conservation of Lepidoptera in the Untied States”(《美国的鳞翅目保育》), *Biological Conservation*(《生物保育》) 9: 55-75。

② 参见 Loftus, W. F. & Kushlan, J. A. (1984),“Population fluctuations of the Schaus Swallowtail (Lepidoptera: Papilionidae) on the islands of Biscayne Bay, Florida, with commentson the Bahaman Swallowtail”(《佛罗里达州比斯坎湾岛礁上的阿里芷凤蝶种群波动以及对蕊芷凤蝶的评论》),*Florida Entomologist*(《佛罗里达昆虫学家》) 67: 277-237.

③ 参见 Covell, C. V. (1977),“Project Ponceanus and the status of the Schaus swallowtail (*Papilio aristodemus ponceanus*) in the Florida Keys”(《庞齐亚努斯计划和佛罗里达群岛的阿里芷凤蝶》), *Atala* (《西思学会学报》)5: 4-6。

迅速地霸占了佛罗里达群岛。如今，在拉戈岛到西岛之间约 160 公里的岛链上，土地已经完全开发过了。海滨度假屋、船舶码头、旅馆、餐馆和其他设施遍地都是。70 年代初，弗利彭·舒尔克(Flip Schulke)航拍的一张照片记录了这场巨变。这些小岛几乎一片苍白(图 7.2)，开发商剃光了上面的植被，为建筑腾出空间。地表变成了裸露的石灰岩，上面开掘出河道连成水上交通网用于行船，几乎每幢房屋都通向大海。相同的开发模式在不同的小岛上重现，栖息地减少到了令人发指的地步。如此丧心病狂的开发给未来的保育与恢复带来了极大的挑战。

图 7.2　1975 年前后，佛罗里达州库乔岛开发过程中原生植被被清除后的景观；弗利彭·舒尔克摄影

相关并非因果

阿里芷凤蝶是如何在一个世纪的时间里衰退到这步田地的？我们需要换个角度去思考这个问题。海滨阔叶林减少是普遍存在

的，从 20 世纪初期开始，随着迈阿密市的膨胀，它就一直在消失。栖息地丧失曾经是——现在也仍然是——阿里芒凤蝶的主要威胁，也是我们在恢复道路上遇到的最大的绊脚石。

即便如此，我仍觉得把事情再捋一遍总是有好处的。把所有的问题都推给栖息地丧失很简单，但那也可能会犯错误。既然大多数的栖息地已经没了，只盯着这一点看很可能会忽视其他的问题。除了栖息地丧失，环境变化与人口增长也是同时发生的。对这种蝴蝶来说，生境破碎化、气候变化、农药滥用和过度采集都是问题。在 20 世纪里，其中的一些威胁就已经存在了，而随着人口的扩张，新的威胁因素也会随之出现。

栖息地丧失、杀虫剂泛滥、入侵物种、气候变化和其他威胁因素是否真的会导致蝴蝶衰退？所有的威胁因素交织在一起，让人很难逐一确定每种因素是如何影响蝴蝶数量的。究竟是雌蝶的产卵量减少了？还是幼虫或成虫的存活率下降了？在弄清现象背后的道理之前，我们无从确定原因。想要搞清楚这一切，做实验是最好的办法。然而，阿里芒凤蝶分布狭窄，种群数量较低，又受到法律的保护，想要拿它来做实验并不容易。

在栖息地丧失的过程中，栖息地的空间格局也发生着变化，最终的结局就是生境破碎化。原本成片的海滨阔叶林被打散成分离的公园和保护地，生活在其中的蝴蝶种群也随之被隔离开来。由于栖息地碎片之间的区域不适合它的活动，因此种群间的基因交流就成了问题。当下种群之间彼此隔离的局面，与它们曾经从迈阿密一路连到西岛的状态是有着天壤之别的。

生境破碎之后，一旦某个栖息地中的小种群受到威胁，就可能会出现很大的问题——生活在多变环境里的小种群会全军覆没。然而，破碎的栖息地之间又相隔甚远，蝴蝶根本无法从一处扩散到另一处。最终，整个种群将面临由于相邻种群丧失而得不到补给的尴尬局面。阿里芒凤蝶现在就生活在这样的栖息地里，也面临着某个种群丧失后难以得到补给的问题。如此下去的话,整个亚种都有灭绝的危险。

飓风的破坏力会杀伤蝴蝶,阿里芷凤蝶又恰恰活在风口上,暴雨、强风和洪水(包括风暴潮)会摧毁蝴蝶的寄主植物。从20世纪40年代开始,当弗洛伦斯·格里姆肖指出大西洋飓风导致数量骤减时,科学家们就已经意识到了飓风对阿里芷凤蝶的致命影响。飓风既可以对种群造成直接伤害,也可以通过破坏寄主植物带来间接伤害。因为种群的规模本来就小,飓风过后的恢复能力也比较差。这一缺点在生境破碎化以后将变得更加突出,因为被飓风破坏的种群很难得到来自其他种群的补充。

近年来,气团在夏季穿越温暖洋面时产生风暴,灾难性飓风的频率和强度都在增加。[①] 气候变化造成气温和海温上升,不仅为飓风的形成创造了有利条件,也大大地增加了飓风的破坏力。这样的飓风在登陆时将释放出更可怕的能量,给蝴蝶带来更不利的影响。

对阿里芷凤蝶而言,飓风也是一把双刃剑。美国鱼类及野生动植物管理局认为,1992年袭击了栖息地的安德鲁飓风,直接造成次年的大规模落叶和蝴蝶数量下降。而离登陆点更远的飓风则可能产生相反的效果。2017年,厄尔玛飓风在埃略特岛和拉戈岛北部登陆,那里距离阿里芷凤蝶的分布区有160公里。在风眼附近,狂风掀起了一米多高的风暴潮。在埃略特岛,风力仍然足以破坏当地的植被,但对远处的栖息地起到了改善作用——受损轻的寄主植物会很快再生,为蝴蝶提供更好的食物。在厄尔玛飓风登陆后,2018年蝴蝶的数量就比2017年多了。

---

① 参见 Webster, P. J., Holland, G. J., Curry, J. A. & Chang, H. -R. (2005),"Changes in tropical cyclone number, duration, and intensity in a warming environment"(《变暖环境中热带气旋数量、持续时间和强度的变化》), *Science*(《科学》) 309: 1844 - 1846。

无法预知的威胁

除了气候变化和生境破碎等已知的威胁,一些隐藏的未知因素也会导致阿里芷凤蝶的数量下降。有的栖息地寄主植物茂盛,温度和降雨量也适宜,但看不到蝴蝶。

隐藏的威胁之一是灭蚊用的杀虫剂。[①] 20 世纪 70 年代,杀虫剂的滥用就已经是一个严重的环境问题。即使人们努力地保护和恢复着海滨阔叶林,蝴蝶的数量仍在持续减少。每年,佛罗里达州南部喷洒的常规杀虫剂就多达数万公升,误伤了很多物种。在很多地方,人们需要灭蚊来控制疾病传播。常规杀虫剂什么虫都能杀,湿地上喷洒的杀虫剂很快就来到了阔叶林,在灭蚊的同时也会殃及其他昆虫,蝴蝶也不能幸免。

杀虫剂对阿里芷凤蝶造成的伤害究竟有多大?用其他凤蝶做个实验就能说明。在实验室里,研究人员分别向幼虫和寄主植物喷施了“剧毒”和“高毒”杀虫剂,以此测试杀虫剂对这些幼虫产生的影响。实验表明,杀虫剂对蝴蝶的行为和存活率均有负面影响。所以,除了考虑灭蚊的开销和人类健康的价值,我们还必明确的一点是:对自然界而言,施用杀虫剂的代价该如何计算,我们能接受的成本又是多少?

灭蚊药对阿里芷凤蝶的潜在危害明确后,管理部门出台了限制措施。联邦政府禁止在海滨阔叶林里喷洒灭蚊药,加强了保护,但并没有解决根本问题。例如,拉戈岛附近的居民区仍在喷洒灭蚊药,那也可能会飘到保护区里。就算有了更环保的灭蚊技术(如定点施药、超低量施药等),杀虫剂造成的伤害已经十分深重。在 80 年代末和 90 年代初,阿里芷凤蝶的数量得到了初步恢复,这就为强

---

① 参见 Eliazar, P. J. & Emmel, T. C. (1991),“Adverse impacts on non-target insects”(《对非目标昆虫的影响》), in Emmel, T. C. & Tucker, J. C. eds., *Mosquito Control Pesticides: Ecological Impacts and Management Alternations*, *Conference Proceedings*(《控蚊杀虫剂:生态影响、管理变更和会议记录》)(Gainesville, FL: Scientific Publishers), pp. 17 – 19。

化保护的政策法规提供了依据。

杀虫剂无疑是损害栖息地质量的威胁因素。令贾里特·丹尼尔斯感到遗憾的是，施药量的增加与蝴蝶数量的减少密切相关，这极易引发灭蚊派人士和保育派人士之间的冲突。这场冲突甚至蔓延到了其他环保领域。贾里特说，冲突双方得花上好些时日才能达成共识，建立起合作模式，来造福人类赖以生存的环境。

除了施用杀虫剂，我们还可以用别的方法来防控蚊虫。基因工程可以减少甚至取代杀虫剂。[1] 其中的一种方法是改造蚊虫的基因组，以减少蚊虫的数量及其所带来的健康隐患。如果这个方法成功的话，修改的基因就能遗传给蚊虫的后代（在有性繁殖的物种中，这个遗传概率大于50%）。[2] 目前，这项技术仍处于研发阶段，其中一个成效是降低了蚊虫的繁殖率，另一个则是减少了它们携带病原体的数量。我在北卡罗来纳州立大学参与的一项研究，就是评估这种方法的成本和效益。在佛罗里达群岛，这件事也引发了热议，因为西岛将成为全美第一例应用这种蚊子来控制登革热的区域。在我看来，改造蚊子能在保护人类健康的同时减少或消除杀虫剂带来的环境问题，这是十分有益的。

自阿里芷凤蝶被发现以来，过度采集就一直纠缠着它。根据科学家们的研究，这种蝴蝶不仅分布范围狭窄，而且在哪里都不多。对于收藏家来说，它的标本是十分珍贵的。在被发现后的150年间，人们只能通过标本来了解这种蝴蝶。那时的采集信息，对于理解它的历史分布范围和种群大小极为重要。然而，在短短几十年之

① 最新的研究案例如：Hammond，A.，Galizi，R.，Kyrou，K.，et al.（2016），"A CRISPR-Cas9 gene drive system targeting female reproduction in the malaria mosquito vector *Anopheles gambiae*"（《以疟疾媒介冈比亚按蚊雌性生殖系统为标靶的CRISPR-Cas9基因驱动系统》），*Nature Biotechnology*（《自然—生物技术》）34：78－83 以及 Gantz，V. M.，Jasinskiene，N.，Tatarenkova，O.，et al.（2015），"Highly efficient Cas9-mediate gene drive for population modification of the malaria vector mosquito *Anopheles stephensi*"（《高效Cas9介导的基因驱动用于疟疾媒介斯氏按蚊的种群改造》），*Proceedings of the National Academy of Sciences*（《美国国家科学院院刊》）112：E6736－E6743。

② 这个领域的创新日新月异，尤其CRISPR技术出现之后，对特定基因的编辑便成了现实。

中，过度采集就成了个大问题。也有一些阴谋论者认为，是弗洛伦斯·格里姆肖炮制了飓风灭绝论，目的就是将蝴蝶高价卖出，从而增加他们的盈利。

过度采集引起了有关部门的重视。1976 年，阿里芷凤蝶就被列入了受威胁物种名录，并被禁止采集。[①] 美国鱼类及野生动植物管理局十分担心采集的影响，并援引了标本售价高达每只 150 美元的报道。据此，管理局认为，采集是导致阿里芷凤蝶濒危的最大威胁。我却很难赞同这种观点。对于科学家和公众而言，采集自有其意义所在。但是，出于个人目的或商业利益，什么都捉或针对稀有物种的滥捕就另当别论了。尽管采集有其难以抹灭的历史地位，但这究竟对阿里芷凤蝶有多大影响仍无定论。在过去的一个世纪里，一些全球性的环境问题才是真正的威胁。

走投无路

为了保护阿里芷凤蝶，政府机构和保护组织已经竭尽所能地控制住了那些显而易见的威胁因素。[②] 他们把仅有的海滨阔叶林划入了保护地，禁止在栖息地施用杀虫剂，并限制了邻近区域的杀虫剂用量。然而，这些努力充其量只能遏制数量的下降。而事实上，情况不容乐观，阿里芷凤蝶的数量仍在继续下滑。

为了挽救它于灭绝的边缘，科学家动用了最后的手段——人工繁育。麦圭尔中心的科学家们绞尽脑汁地想了各种办法，终于在实验室里将阿里芷凤蝶从卵饲养到了成虫，取得了阶段性的成功。在人工繁育和种群恢复的过程里，他们更加深入地观察到了这种蝴蝶

---

① US Fish and Wildlife Service (1976), "Determination that two species of butterflies are threatened species and two species of mammals are endangered species"(《确定两种蝴蝶为受威胁物种、两种哺乳动物为濒危物种》), *Federal Register* (《联邦公报》) 41 (83): 17736 - 17740。

② 随着威胁因素的增加和种群的减少，美国鱼类及野生动植物管理局于 1984 年将阿里芷凤蝶的状态提升到濒危级别。

脆弱与顽强的双面性。

随着人工繁育技术的进步,一些科学家却开始悲观起来。1976年,生物学家鲍勃·派尔提醒道:“用活体引种的方法来开展保育工作有些极端,而且这么做是危险的,因此,在没有做过详细的评估之前不宜冒这个险……人工繁育昆虫,然后在野外释放的想法听起来很好,但很可能会失败……况且,除非所有条件都刚刚好,否则引种就会功亏一篑。”[①]他同时指出,这个观点不仅适用于阿里芷凤蝶,对其他任何蝴蝶都是如此。在接下来的20年里,他说的话应验了。

尽管如此,人工繁育和野外释放已经成了恢复阿里芷凤蝶的工作重心。在回顾几十年来的辛苦付出时,贾里特·丹尼尔斯告诉我:“人为干预并不能保证它们成活,但这好歹是一线希望,能为我们争取更多的时间来挽救这种蝴蝶。”

到了20世纪90年代中期,蝴蝶在自然保育领域的地位变得更高了,贾里特的团队也相应地改进了繁育阿里芷凤蝶的技术。麦圭尔中心养出了足够多的阿里芷凤蝶,并把它们用于后续的恢复工作中。1995年到1997年间,他们在北美亚种分布区里的8个点位做了野外释放。释放之后,他们看见了一些成功的迹象。无论放的是蛹还是成虫,他们都能持续观测到成虫飞行和交配。阿里芷凤蝶在野外已经建立了稳定的种群,不需要继续引入个体了。

可是,这次的成功释放并没产生一个可持续的种群,人工建立的种群没过几年就不行了。至于为什么会失败,谁也说不清楚。在引种取得阶段性成功之后,人们就不再关注人工种群的动态了。这样做的后果是,谁都不知道放出去的蝴蝶经历了什么。科学家推测,他们当初的释放点离居民区太近了,人们施用的灭蚊药很可能害死了这批蝴蝶。

这件事告诉我一个道理,把蝴蝶放出去以后,我们还必须跟踪

---

① 参见 Pyle, R. M. (1976),“Conservation of Lepidoptera in the Untied States”(《美国的鳞翅目保育》), *Biological Conservation*(《生物保育》) 9: 55－75。

其各个阶段的状态。释放以后,观察蝴蝶的行为很有用。成虫是待在栖息地里,还是飞到附近去了?幼虫们去了哪里觅食?成虫或幼虫在后来活得怎样?野外放归实验可以回答上述问题。无论释放成功还是失败,我们都能获取指导下一步行动的经验。最终,真正成功地建立起一个种群,就不需要我们不停地释放了。表面看来,这样做是要付出高昂的代价。但事实上,比起人工繁育和在地保护,这点付出并不算什么。在完成野外释放后进行跟踪研究,对巩固恢复成果是至关重要的。

90 年代初,生物学家采用了更标准的方法来监测阿里芷凤蝶的数量。每年的监测数据显示出,数量在年际间有大幅度的波动。1993 年数量很少,90 年代中期增长到 500 多只,而在 90 年代末和新千年初又跌落至一两百只。

2010 年以后,这个数字开始变得出奇的低。从 2011 年到 2013 年,在野外观测到的数量分别为 41 只、4 只和 32 只。种群规模如此之小,只要环境稍有震荡,它就会灭绝。在我印象里,没有什么动植物能以如此低的数量翻盘了。这下,野生动物管理部门和科学家们全都急了。他们在 2012 年制定了一份应急方案,从野外捕捉雌蝶,在实验室里收集虫卵进行人工繁育,然后把饲养出的蝴蝶再释放到野外。

2013 年,贾里特·丹尼尔斯的团队从野外收来了 2 只雌蝶和 7 条幼虫。这批虫子带来了新的希望。雌蝶产下了 100 粒卵,其中的 70 个长成了幼虫,化了蛹,然后羽化出了成虫。它们又可以在温室里继续繁殖,产下更多的卵,养出更多的蝴蝶,为后续的野外释放和种群恢复提供基础。2015 年,我在贾里特的实验室里第一次见到了阿里芷凤蝶的幼虫。此前,我脑子里想着,那么金贵的幼虫,一定是单个饲养在精巧的、可以调节温湿度的盒子里吧。谁知道,我看到的幼虫就放在实验桌上,和那些普通蝴蝶的幼虫一个待遇。这下我看见希望了,尽管北美亚种在野外的数量还是很少,但我们可以通过在适宜的栖息地里建立种群来增加其数量。

事实证明,这次野外释放比 20 年前更成功。2014 年春天,贾里特他们带着许多幼虫和蛹去了埃略特岛。他们计划通过一次大范围的释放来增加种群规模。在释放之前,他们再次调查了这个地区,希望弄清当年野外已有的种群大小。令他们惊讶的是,他们见到并标记了 233 只成虫。这个数字足足十倍于近几年的观测数量。贾里特认为,这次数量增长是多年干旱之后气候潮湿的结果,湿润的气候有利于寄主植物和幼虫的生长。

贾里特他们继续着野外释放工作。2014 年,他们释放了 300 条幼虫和 46 只成虫。在自然条件下,只有少数的幼虫能活到成虫,但释放出去的蝴蝶仍然为种群增长起到了很好的促进作用。2015 年,他们又在埃略特岛、拉戈岛和亚当斯岛释放了 578 只成虫。此前,贾里特的团队一直担心,放出去这么多蝴蝶,小岛的环境是否能够承受得了? 如果不能承载,只有获得更大范围的栖息地后,阿里芷凤蝶的数量才会继续增长。

事实上,他们的担忧是多余的。他们在 2015 年观测到 308 个个体,2016 年观测到 68 个,2017 年就只有 38 个了,在 2018 年又增加到了 306 个。尽管数量都超过了 2012 年的 4 只,但仍然低得不容乐观,这一点数字的增加并不代表恢复的成功。阿里芷凤蝶的保育工作看似取得了进展,但实际上还是处于原地踏步的状态。

我问贾里特,种群数量为什么没有增加并维持在更高的水平? 他认为,数量少是恶劣天气造成的。例如,2017 年的降雨量特别少,因此蝴蝶的数量也少,而 2018 年降雨量较高,蝴蝶的数量也随之增长了。这么解释似乎合理,但我还是担心那些因为全球变化带来的无形威胁。假如我们给不同生活史阶段的蝴蝶做好标记,然后再释放到野外,就能更好地监测幼虫和成虫的存活率,并跟踪调查其在种群内和种群间的扩散状态。通过小小的技术改进,然后仔细研究这个小种群的动态,或许能把这种极其稀有的蝴蝶保下来。

透过蚊群,窥见蝴蝶

完成了释放后,在 2018 年 5 月,我终于在野外见到了阿里芷凤蝶。我们成立了一个三人专家组,负责监测埃略特岛上的种群动态。当我在国家公园服务处下船时,埃丽卡·亨利递给我一件结实的连帽防虫服,那衣服浑身上下密不透风,只在脸部有几个网眼作为观察孔。成千上万的蚊子围着我们转,令人抓狂的嗡嗡声缠了我们 16 公里。尽管我快被捂到中暑,但防虫服真的很管用,我只有在脱下手套拍照或解开拉链喝水的时候才会被叮到。

沿着这条向南的小径,我们走进了一片宛若隧道的树林(彩版图 12,下图),小径两旁茂密的树木有 9 米多高,树干有 3 厘米至 10 厘米粗。这些树木长得太密了,极难通行,头顶茂密的树冠更是遮天蔽日。沿着小径,我们时而趟水穿过红树林,时而爬至高处的旱地。

我此行唯一的目标,就是见到一只阿里芷凤蝶的成虫。在行进过程中,我帮着计数和标记看见的蝴蝶。行程伊始,我就发现此行的任务有多么艰巨了。走了一个小时后,基思·柯里-波基(Keith Curry-Pochy)忽然指着天空大喊。顺着他的手指看去,我见到一只黑色的蝴蝶从我头顶上一米多的地方掠过。当时,我并不能确定它究竟是阿里芷凤蝶还是其他相似的蝴蝶,比如蕊芷凤蝶(*Papilio andraemon*)或大芷凤蝶(*Papilio cresphontes*)。当它从我头顶飞过时,我挥动了手中的网。我以为我捉到了它,但我的网打到了树枝上。20 分钟后,我见到了第二只阿里芷凤蝶。我还犹豫着它是不是刚才那只时,它就突然飞进林子里了。随后,它的飞行姿态就变了,那不紧不慢的样子表明它是一只要产卵的雌蝶。我跌跌撞撞地穿过树林,向蝴蝶扑了过去,可惜又没捉到。

吃过午饭,我们走进了基思说的热点区。在接下来的 2 个小时里,我们又见到了18只蝴蝶。每看见一次,大伙儿就开启了追逐模式。埃丽卡一个转身就捉住了第一个,紧接着基思就捉到了第二个。在他摘下手套做标记的时候,挥之不去的蚊群立刻糊满了他的手。那恐怖的场景简直令我过目难忘。那天,我成了队里唯一一个没有捉到蝴蝶的人。在我拼尽全力挥最后一网时,网杆砸到了我的脸,把我的嘴唇打破了。

在这次调查里,我们用上了两种研究蝴蝶种群的方法:直接计数法和标记重捕法。此行又一次给我留下了深刻印象,即估算稀有蝴蝶的种群数量是十分困难的。

至珍之蝶

我得出的结论是,阿里芷凤蝶称得上是至珍之蝶。从稀有蝴蝶的野生种群数量上看,我的观点是站得住脚的。我可以用两个证据支持我的结论。第一个证据是,阿里芷凤蝶的实际观测数量最少。自2011年至今,我们观测到的成虫数量不到400只。在某几年,这个数字还不到100。在最少的一年,我们只见到了4只。通过直接计数的方法,我们发现它的数量比其他稀有蝴蝶要少很多,几乎到了濒临灭绝的地步。

第二个证据,就是保育遗传学家所说的"有效种群规模",采用这种方法计算出的种群规模更小。有效种群规模反映的是一个群体中可以将基因传给下一代的个体数量。测算有效种群规模的方法是统计种群中的雌雄个体数量和比例。我们现在观测到的那几百只蝴蝶只是几个雌蝶的后代。除了2013年捕获的2只雌蝶,我们采到的那7条幼虫也是少数雌蝶的后代。这样算的话,最多只能数出9只雌蝶。我们在那年观测到的32只蝴蝶中,可能只有16只雌蝶。

少数雌蝶后代的遗传多样性必然有限。生态学和遗传学的很多研究表明,遗传多样性偏低将不利于种群的存续。如此说来,阿里芷凤蝶的有效种群规模就比人们在野外见到的数量要低得多了。将来,即便数量恢复上去了,遗传多样性差的现状也难以得到改善。因为那些恢复出来的个体还是实验室里那几只的后代。

我这么说并非要反对人工繁育。在保育遗传学里,有一种做法是,即使遗传多样性较低,也要先保证种群快速增长。因为,随着数量的增长,遗传多样性会慢慢升高。我对米氏环眼蝶的经验是,随着时间的推移,来自少数几个建群者的后代也可以生存得很好。也许,阿里芷凤蝶和其他蝴蝶会有所不同,为了解答这个问题,我们就需要更加深入的研究。但是,光凭遗传多样性低就否定人工繁育的作用是不合理的。阿里芷凤蝶的数量实在太少了,我们目前没有更好的办法来挽救它。

在过去的一个多世纪里,阿里芷凤蝶一直徘徊在灭绝的边缘。到目前为止,人们曾经两次宣告了它的灭绝,第一次是在20年代,第二次是在30年代。然而,这两次宣告都错了。

我仍然希望,完善的人工繁育体系、生物学研究的进展和现有的栖息地保护及恢复能够稳定阿里芷凤蝶的种群。有了这些知识,我们在其历史分布区里建立人工种群的工作会更有把握。

要做到真正意义上的恢复,我们必须让种群在野外建立起来,并且稳定上几十年。令人堪忧的是,在佛罗里达州南部,这项工作还有很长的路要走,不断变化的降雨量、飓风强度和海平面高度一直紧紧地追赶着我们。我们必须意识到,只要阿里芷凤蝶的数量还如此之低,它离灭绝就不会遥远,人为干预对它来说是至关重要的。想要在下一个世纪里还能见到它的身影,我们都需要付出更多的努力。

第二部分

飞向何方

霾灰蝶的终旅

我再也见不到霾灰蝶英伦亚种了，它灭绝了。之所以写它，是因为它给蝴蝶研究及保育领域的科学家们上了沉重的一课。比起大多数稀有蝴蝶，科学家研究它的时间足足多了一个世纪。他们揭示了它每一个阶段的特征，这对于保育至关重要，但他们没机会用这些知识来拯救它。

霾灰蝶是由卡尔·林奈（Carolus Linnaeus）在其巨著《自然系统》（*Systema Naturae*）中命名的。这部写于1758年的巨著是动物分类学和命名系统的开山之作。当时，所有蝶类都被归到同一个属下，属名就是 *Papilio*。而如今，*Papilio* 专指凤蝶属了。林奈为霾灰蝶取的学名是 *Papilio arion*，它的种名颇具林奈特色，用了希腊神话里的人物。阿里昂[1]是史诗《伊利亚特》（*Iliad*）里的神马。现在，霾灰蝶的学名是 *Maculinea arion*。在欧亚大陆，霾灰蝶一共有六个亚种，这章写的亚种只分布在英格兰，它的学名是 *Maculinea arion eutyphron*（彩版图13）。在英格兰以外的区域，霾灰蝶其他亚种的种

① 阿里昂是古希腊诗人荷马（Homer）所著的史诗《伊利亚特》里的一匹神马，奔跑神速，会说人话，相传是盖娅（Gaea）所生。——译者注

群数量也在减少，但它们都还不算稀有。①

霾灰蝶英伦亚种原产于英格兰的西南部，它的分布范围从伦敦西边到英吉利海峡和布里斯托尔海峡之间的半岛。尽管我们无从考证它曾经的分布范围，但现有记录显示，有寄主植物早花百里香(*Thymus praecox*)的地方曾记录到近100个种群。历史上，这种蝴蝶面临的威胁都来自伦敦周边。随着人口增长，栖息地变成了农田、人工林、采石场和城市。这些变化交织在一起，共同导致了这种蝴蝶的衰退。②

百年衰落

19世纪中叶，专家们就已经发现霾灰蝶英伦亚种在减少了。它的数量下降之快，令昆虫学家们感到震惊。一些草地看起来很好，上面长满了寄主植物和野花，却怎么也见不到蝴蝶。当时，在人们心中，优质栖息地和快速衰退的蝴蝶形成了巨大反差。谜团持续了一个世纪，人们需要更多的研究来回答这些问题。③

种群衰退的情况在1884年就已经很严重了，鳞翅学家赫伯特·戈斯(Herbert Goss)和赫伯特·马斯登(Herbert Marsden)曾经为此写过一篇文章，标题就是"霾灰蝶可能已经灭绝"。在文章里，他们提出了三个造成衰退的假说：一是多年低温多雨的气候；二是火烧过度；三是人们过度抓捕蝴蝶。气候变化似乎可以解释近十年

---

① 参见 Wynhoff, I. (1998), "The recent distribution of the European *Maculinea* species"(《欧洲霾灰蝶属物种在近年的分布区》), *Journal of Insect Conservation* (《昆虫保育学报》)2: 15-27。

② 参见 Howarth, T. G. (1973), "The conservation of the Large Blue butterfly (*Maculinea arion* L.) in West Devon and Cornwall"(《西德文郡和康沃尔郡霾灰蝶的保育》), *Proceedings and Transactions of the British Entomological and Natural History Society*(《英国昆虫学和自然学会集刊》): 121-126。

③ 本章节大量借鉴了霾灰蝶英伦亚种在英国的保育历程及其最终灭绝的历史；参见 Thomas, J. A. (1980), "Why did the Large Blues become extinct in Britain?"(《霾灰蝶为何在英国灭绝了?》), *Oryx*(《羚羊》) 15: 243-247。

来的衰退，但从长期来看，这么解释存在很大问题。①

接下来的 50 年里，霾灰蝶英伦亚种也一直在衰退。在此期间，气候的波动也从未停止，但无法用来解释种群衰退的问题。过度采集成了下一个合理的解释。当人们目睹收藏家捕杀英格兰最美丽又最稀有的蝴蝶时，他们眼里满是这种蝴蝶灭绝的证据。昆虫学家们不停地预测着它的灭绝。在这样的背景下，威廉·谢尔登（William Sheldon）在 1925 年问道："蝴蝶收藏家会在今年出席它的葬礼吗？即便他们会来，这场葬礼有东西可葬吗？"②

寄主植物和寄主蚂蚁

霾灰蝶曾经生活的地方遍布早花百里香，然而，有早花百里香的地方不一定有这种蝴蝶。那时，科学家们对此一头雾水。昆虫学家们用早花百里香去饲养它，却无论如何也养不出成虫。在野外，低龄幼虫取食早花百里香，但高龄幼虫不在这种植物上了，而且完全没了踪影。缺少生物学的信息，科学家们便无法解释这种蝴蝶是如何在野外生存的。

当我知道科学家和蝴蝶收藏家为了弄清霾灰蝶的生活史用了多久时，我感到非常震惊。或许，我并不该觉得震惊。对稀有蝴蝶而言，长期观察和研究是必不可少的。保育不仅需要耐心，也需要不断深入的研究。

1906 年，弗雷德里克·弗罗霍克（Frederick Frohawk）的一项重要发现，提高了人们对霾灰蝶的认识。在挖掘蚂蚁巢的时候，他意

---

① 参见 Goss, H.（1884），"On the probable extinction of *Lycaena arion* in Britain"（《霾灰蝶可能会在英国灭绝》），*Entomologist's Monthly*（《昆虫学家月刊》）21：107－109；以及 Marsden, H.（1884），"On the probable extinction of *Lycaena arion* in England"（《霾灰蝶可能会在英格兰灭绝》），*Entomologist's Monthly*（《昆虫学家月刊》）21：186－189。

② 参见 Sheldon, W. G.（1925），"The destruction of British butterflies"（《英国蝴蝶多样性的毁灭》），*Entomologist*（《昆虫学家》）58：105－112。

外地发现了霾灰蝶的幼虫。在自然界里,蚂蚁和灰蝶之间常常有共生关系。蚂蚁会保护幼虫免遭捕食,幼虫则会分泌含糖的蜜露犒劳蚂蚁。虽然灰蝶幼虫与蚂蚁之间有共生关系,但直接把幼虫搬到蚁巢里养起来的情况很少。弗罗霍克猜测,蚂蚁成虫会用相同的食物来喂养幼蚁和霾灰蝶的幼虫。他曾写道:"这项发现激动人心,这是前所未有的发现,也是昆虫学领域的未解之谜。"①

1915 年,科学家又有了另外两项发现。5 月,托马斯·查普曼(Thomas Chapman)在从红蚁(*Myrmica sabuleti*)的巢上拔起早花百里香时,也发现了一只生活在蚁巢里的霾灰蝶幼虫。在拔起植物的过程中,幼虫被弄死了。查普曼在检查幼虫肠道内容物的时候,意外地发现幼虫居然是吃幼蚁的。②

同年 8 月,爱德华·巴格韦尔·普里福伊(Edward Bagwell Purefoy)与弗罗霍克一起发现了另一例。在写给弗罗霍克的信里,普里福伊描述了霾灰蝶幼虫从寄主植物落到地面上以后发生的事。一只蚂蚁走近它,吃它的蜜露,然后就把它带走了。普里福伊一路跟着蚂蚁。眼看快到蚁巢的时候,一群不期而至的伦敦客打扰了它,然后他就跟丢了。尽管如此,这一发现还是勾起了人们对这个陈年谜题的兴趣。

在科学进步的道路上,观察常常会推动实验。普里福伊和弗罗霍克一起做了个实验,来研究蚂蚁在霾灰蝶幼虫发育过程里的作用。他们又有了一个惊人的发现。他们先造了一个小土堆,种上早花百里香,然后把备选的蚂蚁放到了土堆里。他们发现,这种蚂蚁很快就取代了土堆里原有的蚂蚁。接下来,他俩又造了好几个土堆,并在土堆的一侧装了一块活动木板。拆下木板后,他们就可以

---

① 参见 Frohawk, F. W. (1906),"Completion of the life-history of *Lycaena arion*"(《霾灰蝶的完整生活史》),*Entomologist*(《昆虫学家》)39: 145 – 147。

② 参见 Chapman, T. A. (1915),"What the larva of *Lycaena arion* does during its last instar"(《霾灰蝶的末龄幼虫在做什么?》),*Transaction of the Entomological Society of London*(《伦敦昆虫学会会刊》)1915: 291 – 312。

近距离观察蚁巢内部的情况。他们把高龄幼虫放在地面上，每次都有蚂蚁找到幼虫，吃它的蜜露，然后把它带走。幼虫会用头部附近的隆起向蚂蚁示意，然后蚂蚁就抓起它，把它带走了。这次，普里福伊和弗罗霍克成功了。到了10月，他俩拆下了蚁巢边的木板，并在离地面几厘米的地方发现了霾灰蝶的幼虫。

普里福伊和弗罗霍克可以养活幼虫，但他们开始时无法养出成虫。这就需要在中龄幼虫身上再做个实验。在常规实验里，科学家会把霾灰蝶幼虫放在早花百里香上，但只这么做是远远不够的。另一个必要条件是，霾灰蝶幼虫必须生活在离蚂蚁很近的寄主植物上。普里福伊和弗罗霍克从寄主植物上取下幼虫，按一两条一组，把幼虫放到半个核桃壳里，进行单独饲养和观察。核桃壳制造了一个可控的环境，他们给幼虫吃幼蚁，让它们在里面蜕皮直到化蛹。一开始，其他昆虫学家都在嘲笑他俩。但事后证明，这个方法颇具创新性。在资金有限的情况下，只有独辟蹊径才能取得进步。经过了三个季节的实验，在1918年，第一只人工饲养的霾灰蝶羽化了。几十年后，普里福伊回忆道："这一切都很有趣，我庆幸我们当时没有轻易放弃。"①

霾灰蝶的生物学特征及其与蚂蚁的关系仍需要进一步阐明。幼虫通过行为和化学信号让蚂蚁把它们带到巢里。在特定的龄期，幼虫会离开早花百里香，转到地下，在蚁巢外围生活，偶尔会进入蚁巢穴觅食。它们从最大的幼蚁吃起，然后再吃较小的蚁卵。从当年秋天到次年夏天，它们要在地下度过十个月的时间。在这段时间里，它们会长大一百倍。在蚂蚁种群需要增长时，霾灰蝶幼虫就会

---

① 参见 Purefoy, E. B. (1953), "An unpublished account of experiments carried out at East Farleigh, Kent in 1915 and subsequent years on the life history of *Maculinea arion*, the Large Blue butterfly"(《关于1915年在肯特郡东法利和随后几年进行的关于霾灰蝶生活史的实验记录》), *Proceedings of the Royal Entomological Society of London Series A*(《伦敦皇家昆虫学会会刊A》) 28: 160–162;以及 Frohawk, F. W. (1915), "Further observation of the last stage of the larva of *Lycaena arion*"(《霾灰蝶末龄幼虫的深入观察》), *Transactions of the Entomological Society of London*(《伦敦昆虫学会会刊》) 1915: 313–316。

暂停取食。如果幼虫吃得太多,它们就会面临坐吃山空的危险。为了避免这种情况的发生,它们会搬到新的蚁巢里去住。

蚂蚁为什么会带霾灰蝶回家呢?在不同物种之间,主动同居并互动是为了从彼此那里获得好处,这种相互作用称为互利共生。在互利共生的关系里,一个物种会向另一个物种提供食物或资源。霾灰蝶大体是符合这种共生关系的,但它吃蚂蚁这一点不太好解释。[①]

新近的研究提供了一些线索,来解释这种共生关系的意义。早花百里香会释放出一种有毒的挥发物,能同时吸引蚂蚁和蝴蝶。对蝴蝶来说,它们可以利用植物的化学武器来抵御天敌。对于蚂蚁来说,植物排挤掉了竞争者,为它们提供了足够的巢穴空间。总之,蚂蚁得到的好处必须得超过被霾灰蝶吃掉的那部分的代价。[②]

保护错了对象

在科学家们为霾灰蝶担心了一个多世纪后,他们似乎已经掌握了保育所需信息。造成衰退的原因看似很明显,不断扩张的耕地和城镇破坏了原有的栖息地。即使在人类活动较弱的情况下,草原上的森林演替也会造成栖息地退化。灌丛和乔木一旦长起来就会取代早花百里香、蚂蚁群落和霾灰蝶所需的开阔生境。大家都认为,只要保住原有栖息地不受人为干扰,就能保住霾灰蝶。

然而并不能。即便保护了早花百里香和蚂蚁群落,蝴蝶的数量仍然在减少。到 50 年代的时候,科学家们已经采取了栖息地保护措施,但英格兰的 91 个霾灰蝶种群还是丢了一半以上。

---

① 参见 Thomas, J. A. & Wardlaw, J. C. (1992), "The capacity of a *Myrmica* ant nest to support a predacious species of *Maculinea* butterfly"(《红蚁巢对捕食性霾灰蝶的承载力》),*Oecologia*(《生态学报》)91: 101–109。

② 参见 Patricelli, D., Barbero, F., Occhipinti, A., et al. (2015), "Plant defences against ants provide a pathway to social parasitism in butterflies"(《植物对蚂蚁的防御为蝴蝶的社会性寄生提供了途径》),*Proceedings of the Royal Society of London B: Biological Science*(《伦敦皇家学会会刊 B:生物科学》)282: 20151111。

霾灰蝶的消亡反映了稀有蝴蝶保育里的通病,人们会轻易把责任推给看起来最严重的威胁——栖息地丧失。一旦对这个问题有了解,保育工作者们就转而去关注那些更直接的威胁,譬如采集和杀虫剂。1980 年,杰里米·托马斯(Jeremy Thomas)指出:"现在看来,我们在 60 年代所采取的大部分措施都对蝴蝶无益,有些甚至还是有害的。"栖息地丧失导致霾灰蝶衰退的假说,还有待进一步验证,保育工作也还需要更深入的研究来指导。

霾灰蝶在六七十年代走到了濒危的地步,但有关它的研究也取得了长足的进步。杰里米·托马斯等人为此倾注了不少心血,绘制出了霾灰蝶的生活史详解图。尽管他们已经确定,蝴蝶与蚂蚁之间有着密切的关系。但他们也还在猜测,这种关系可能有不同的蚂蚁参与其中。因此,保护栖息地的重点是保育这些蚂蚁。[①]

在一段时间里,科学家将目光锁定到了红蚁属的两种蚂蚁身上。这两种蚂蚁都不少见,但它们的角色并不相同。仔细调查研究后,科学家们在 70 年代初发现,只有红蚁会圈养幼虫,并为它们提供食物。因此,对霾灰蝶来说,并不是任何蚂蚁都行,而非得是这种红蚁。即便其他蚂蚁或红蚁和霾灰蝶幼虫有关联,在保育里也起不到作用。

新的认识再次推动了保育工作。即便草地上长满了早花百里香,其他的因素仍然会影响这种蚂蚁的分布和数量。红蚁喜欢的环境,是坡度较大、气候温暖的南坡。

起初,在保育工作者眼里,草地就是草地。不同的草地之间并没什么区别。在我自己寻找稀有蝴蝶的过程中,我也会依赖视觉特征来确定栖息地。身为博物学家,我对自己辨别优质栖息地的能力很自信。但事实证明,这种能力并不总是管用。通常,在结构相似的栖息地之间有着微妙的差异,正是这种差异决定了一片栖息地是

---

① 参见 Thomas, J. A. (1980),"Why did the Large Blues become extinct in Britain?"(《霾灰蝶为何在英国灭绝了?》), *Oryx*(《羚羊》) 15: 243 - 247。

否适宜蝴蝶生存。霾灰蝶的案例告诉我，我必须重新审视我评估栖息地的能力，这也是我 20 年来的工作重点。

对霾灰蝶和红蚁而言，草和其他植物的高度是衡量栖息地质量的指标。随着时间推移，草地上会发生微妙的变化。干扰会破坏草地，改变植物群落构成和高度。在火烧或砍伐后，很多植物会经历从草本到灌丛再到乔木的演替过程。在整片草地里，红蚁只在草高不到 5.3 厘米的狭小区域里筑巢。随着植被演替，其他蚂蚁就会取代红蚁。要控制草高就必须有干扰存在。这就意味着，从霾灰蝶的角度来看，长满早花百里香又遍布蚂蚁的栖息地并不总是优质的。①

霾灰蝶的衰退，是人们对干扰缺乏认识的后果。在英格兰，食草动物是控制草高的自然干扰因素。欧洲野兔（*Oryctolagus cuniculus*）是这种生态系统中最重要的食草动物，它们是几百年前从欧洲大陆引进的，但它们的数量和霾灰蝶一起下降了。欧洲野兔曾经很常见，但在 1953 年粘液瘤病传入英国后，很多野兔都病死了。这种病毒病是 19 世纪 90 年代从南美洲传播开的。在法国，人们利用这种病毒来控制野兔数量。它很快就传到了英国，人们也同样利用了这种病毒，把野兔的数量压到了历史最低水平。

其实，在病毒流行之前，野兔就已经不是主要的食草动物了。由于保育工作者不了解蝴蝶、低矮草地和蚂蚁之间的关系，他们不断限制和蝴蝶竞争寄主植物的动物数量。这种限制首先波及了野兔，而在霾灰蝶种群持续降低后，奶牛也被赶了出去。事实上，奶牛践踏草地产生的影响更坏。他们提出的解决方案是：给霾灰蝶的栖息地上围栏。这样一来，不仅食草动物进不来了，采集蝴蝶的人也进不来了。糟糕的是，他们偏偏在蝴蝶最需要干扰的时候杜绝了干扰。最终，栖息地很快就退化了，蝴蝶也随之消失了。

---

① 参见 Thomas, J. A., Simcox, D. J., Wardlaw, J. C., et al. (1998), "Effects of latitude, altitude, and climate on the habitat and conservation of the endangered butterfly *Maculinea arion* and its *Myrmica* ant host"（《纬度、海拔和气候对濒危霾灰蝶及其宿主红蚁属栖息地和保育的影响》），*Journal of Insect Conservation*（《昆虫保育学报》）2: 39–46。

霾灰蝶已经掉进了灭绝漩涡，变化的环境和生物因素交织在一起，令小种群的数量不断减少。在50年代初，草地上还有30个种群。但在60年代中期的时候，就只剩下4个了。按常理的话，这些蝴蝶种群应该在1967年、1971年和1973年消失。①

令人无语的是，在种群数量已经很少的时候，科学家们攻破了霾灰蝶种群生态学里的关键环节。而在那个年代，这种理论还无法解决极小种群的难题。人们对最后的种群采取了栖息地保护措施，提高了霾灰蝶的种群规模。不幸的是，这次的种群增长超过了蚂蚁的承受力。为了了解这种动态过程，科学家们在实验室里建立了模拟环境，并引入了霾灰蝶和蚂蚁。他们发现，蝴蝶数量增长得太高时，它们就会吃光蚂蚁，甚至吃光同类。到了20世纪70年代中期，严重的干旱使蝴蝶的数量减少到了极限。一旦这么小的种群掉入灭绝漩涡，一点风吹草动都足以让它彻底完蛋。1977年，不幸发生了。在剩下的15个个体中，只有3只雌蝶，产卵量变得很少。1978年，种群里只剩下了5只成虫（其中有2只雌蝶），它们一共繁殖出了22只成虫。以我的经验，在人工环境里，想让这么几只稀有蝴蝶交配简直是天方夜谭。所以，这几只霾灰蝶接下来的命运已是意料之中了。它们踏上了终旅。1979年，英伦亚种灭绝了。

世上再无英伦亚种。一个多世纪以来，保住这种蝴蝶一直是英国昆虫学家和博物学家的夙愿。尽管他们把能做的都做了，但还是因为对蝴蝶的了解不够而失败了。

借个亚种做保育

英伦亚种灭绝了。今天为何还能有霾灰蝶在英格兰飞舞呢？其实，这些并不是英伦亚种，而是其他的亚种。在英伦亚种灭绝之

① 参见 Thomas, J. A. (1980), "Why did the Large Blues become extinct in Britain?"(《霾灰蝶为何在英国灭绝了？》), *Oryx* (《羚羊》) 15: 243 – 247。

前,科学研究已经找到了一条可行的保育途径。① 采用这条途径,人们可以用适宜的植物和适宜的蚂蚁来构建优质栖息地了,这种方法可以维持住霾灰蝶的种群。这时,他们却偏偏没了蝴蝶。

我在本章开头就提到过,英伦亚种是霾灰蝶的六个亚种之一。科学家和保育工作者制定了一个方案,从瑞典把霾灰蝶指名亚种(*Maculinea arion arion*)引入英格兰来做种群恢复。从1983年开始,他们在3个地点开展了这项工作。随后的20年间,他们在更多的地点引入了种群,其中大多数地方都成功了。到2008年,指名亚种已经在25个地点安了家,这个规模与英伦亚种在1950年的情况相似。在这些恢复出来的种群里,规模最大的一群包括1 000多个个体,创下了历史最高纪录。

面对变化的环境,霾灰蝶究竟是脆弱的还是顽强的呢?我认为二者皆有。它脆弱的一面是显而易见的,因为灭绝是不争的事实。英伦亚种就无法忍受栖息地的持续变化,及其赖以生存的动植物群落的退化。一个多世纪以来,人口膨胀和农田开垦不断压缩了它的栖息地。这些环境变化有一部分是有意造成的,有一部分是人们的认识错误造成的(例如在草地需要干扰时设立围栏),而另一部分则完全是意外的(例如病毒传播导致野兔死亡)。由此可见,它是脆弱的。

同时,霾灰蝶又十分顽强。来自瑞典的指名亚种代替英伦亚种,完成了霾灰蝶在英格兰复兴的使命。人们最终掌握了必需的知识,解析了这个物种的需求,从而制定出了正确的保育方案。这个方案并不是单纯地保护栖息地,还包括一系列彼此相关的动植物群落。

尽管我们失去了英伦亚种,但这些努力对物种保育来说仍然是

---

① 参见 Thomas, J. A., Simcox, D. J. & Clarke, R. T. (2009), "Successful conservation of a threatened *Maculinea* butterfly"(《受威胁的霾灰蝶物种保育的成功案例》), *Science*(《科学》)325: 80–83。

重要的经验。对于那些想要保护世界上稀有蝴蝶的人来说,英伦亚种灭绝和指名亚种复兴都有着重要的理论意义。英伦亚种给人们上了重要的一课:要保护和恢复稀有蝴蝶得花费相当的精力。经过一个多世纪的共同努力,人们终于弄清楚了霾灰蝶复杂的生活史和天性。在这一个多世纪的时间里,关于这种蝴蝶的奇闻不断涌现出来,但那才只是一切的开始。

霾灰蝶的独特之处让我不禁猜测,在其他稀有蝴蝶的生活史里,是否也有被我们忽视了的重要环节。尽管我一直都在研究稀有蝴蝶,但我还是觉得,在实际保育工作中,我们对保护对象的研究还是不足。我曾经想当然地认为,稀有蝴蝶的衰退过程和其他物种的灭绝一样容易解释。例如,在过去 500 年里,一些岛屿上的鸟类、哺乳类,乃至植物都消失了;在许多情况下,入侵的捕食者是造成这种局面的单一因素。然而,霾灰蝶的例子告诉我们,物种衰退和灭绝的过程远比我们知道的要复杂,要想解析这个过程,掌握物种的天性和全球变化是很重要的。

我花了 20 年时间研究米氏环眼蝶、晶墨弄蝶、斑凯灰蝶和尖鳌灰蝶,希望能够拯救它们。我认为,在蝴蝶保育方面,伊卡爱灰蝶的案例是十分值得借鉴的。在短短一二十年里,由于我们掌握了蝴蝶生活史当中的关键点,种群得到了不错的恢复。如果我研究的蝴蝶都像霾灰蝶一样,那我就很难见到它们得以恢复的那一天了。

我在每一章的末尾都会这么问:这是世界上最稀有的蝴蝶吗?在 70 年代末期,英伦亚种在灭绝之前就曾经是最稀有的。我真心希望阿里芷凤蝶和其他稀有蝴蝶不会重蹈霾灰蝶的覆辙。

想到这,我又意识到了一件事:遏止灭绝和保育恢复是不能操之过急的。一些专项研究对于挽救衰退中的物种十分有益,而掌握稀有蝴蝶的生态学特征则更有助于恢复种群。在将来拯救稀有蝴蝶的道路上,我们需要时刻记住这一点。

险象环生的君主斑蝶

君主斑蝶是北美的两种大型蝴蝶之一,色彩艳丽,体态优雅(彩版图 14)。[1] 它分布广泛,每年都会在北美洲东部成群迁飞。这些特点使它成了世界级的明星蝴蝶。与本书里其他的稀有蝴蝶不同,君主斑蝶的数量多达几亿,和那些最罕见的蝴蝶形成了鲜明对比。

君主斑蝶的分布范围非常宽,几乎超过了全世界所有的蝴蝶。它的身影遍布西半球的大部分地区。在北美洲,它的分布区北起加拿大,纵贯美国南北和墨西哥,然后进入中美洲南部,最后到达南美洲的亚马逊河流域北部。此外,君主斑蝶还会飞到夏威夷、澳大利亚、新西兰和多个太平洋岛屿,也能跨越大西洋到达葡萄牙、西班牙和一些欧洲国家。

不同于其他蝴蝶,也不同于其他地区的君主斑蝶,北美东部的君主斑蝶会大规模迁飞。每年,它们都会从北美洲北部飞到墨西哥

---

① 关于君主斑蝶生物学的介绍,推荐阅读 Agrawal, A. (2017), *Monarchs and Milkweed: A Migrating Butterfly, a Poisonous Plant, and Their Remarkable Story of Conservation*(《君主斑蝶和马利筋:一种迁飞的蝴蝶、一种有毒植物,以及它们在保育领域不同寻常的故事》)(Princeton, NJ: Princeton University Press)。

中部，然后再飞回去。每年秋天，它们一路向南，飞越 4 800 多公里的山水。第二年春夏，它们又会飞回去，代代相传。值得一提的是，迁回墨西哥的那批蝴蝶不是直接飞到目的地的，它们在路上要繁殖好几代才能到达。因此，君主斑蝶的迁飞行为十分独特。

君主斑蝶的迁飞区域可以分为两块。墨西哥有一小片越冬区；而墨西哥以北的北美洲东部，是一片广袤的繁殖区。越冬区是数以亿计的君主斑蝶的目的地，它在墨西哥中部的火山带里。在那里，高山区的圣诞冷杉（*Abies religiosa*）林是它们的主要栖息地。迁飞而来的蝴蝶会聚集在紧邻的树林里，每一片林地里的蝴蝶就是一个小种群。①

君主斑蝶喜欢停歇在高大的圣诞冷杉上，这种树能长到 30 多米高。圣诞冷杉主要生长在山区，那里山脉的主峰差不多有 3 200 米高。蝴蝶聚集在陡峭的西南向的山坡上。君主斑蝶无法捱过北美洲北部的严冬，这是它们向南迁飞到温暖地带的主要原因。在越冬区，冬天虽然也冷，但气温一般都在零度以上。适宜的气候可以保护越冬的蝴蝶。通常，君主斑蝶在十月飞到墨西哥，然后它们会一个紧挨一个地结成很大一群，一起度过漫长的冬季。

君主斑蝶生活史里的其他时间是在北方的繁殖区里度过的。从墨西哥的越冬区启程后，这一代蝴蝶会飞往美国南部产卵并繁殖下一代。随后，它们的后代会继续向北迁飞，直到加拿大的南部。越冬的君主斑蝶在三月底出发，它们到达每一站繁殖地的时间，恰好是那里的寄主植物马利筋（*Asclepias*）长势最好的时候。

君主斑蝶稀有吗？

尽管和其他珍稀蝴蝶不同，北美洲东部的君主斑蝶还是有灭绝

---

① 根据有关资料，在 40 468 公顷的君主斑蝶生物圈保护区里，受保护的君主斑蝶的栖息面积只占了 20 公顷。

的危险,因为它的种群数量正在急剧下降。可以预见,这个种群最终也会进入稀有蝴蝶的名单里。由于整个越冬种群都聚在同一个地方,越冬区的君主斑蝶数量就成了评估种群变动的标准。每年,科学家都会调查君主斑蝶的越冬区。他们估计,每公顷有 5 000 万只蝴蝶,成群的蝴蝶铺满了森林。这片布满蝴蝶的树林,为人们估算君主斑蝶历经长途迁飞后的存活率提供了便利。

我们的观测结果不容乐观。1975 年发现越冬区之前,我们没有君主斑蝶的种群数据,但零碎的历史报道透露出了当时的数量。19 世纪的报道称,君主斑蝶数量甚众,所到之处,遮天蔽日。有定量调查以来的最高纪录,出现在 1996 年至 1997 年的冬季,君主斑蝶的越冬区面积有 18 公顷,蝴蝶数量高达 10 亿。从那时以后,它的数量就急剧下降了(图 9.1)。2013 年到 2014 年的冬季是最低纪录,科学家报告的越冬面积只有 0.8 公顷,蝴蝶数量也只有 3 000 万

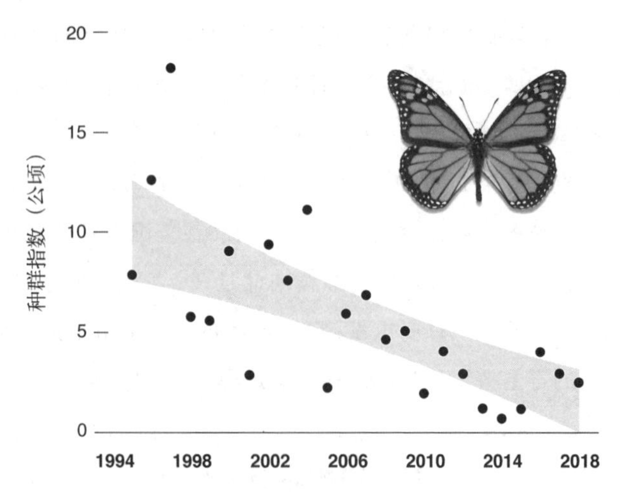

图 9.1 墨西哥越冬区内君主斑蝶的种群指数变化趋势,经科学测定,每公顷的种群密度为 5 000 万只,那么 10 公顷的越冬区就有 5 亿只蝴蝶;经作者许可,由尼尔·麦科伊改自阿努拉格·阿格拉沃尔等在 2018 年的论文插图(*Science*, 360: 1294-1296)

只。和最高纪录相比,种群规模至少下降了97%。[1]

此后,数量又有所回升。2015年到2016年间,数量上升到2亿只,然后又在2017年到2018年间减少到1.25亿只。显著的数量波动是蝴蝶种群的特征之一。君主斑蝶的产卵量很大,而且每年夏季都能繁殖三到五代。因此,一年里只要有一小部分种群能够繁衍,它们的后代数量也可以使种群增长不少。同样地,种群也会因为各种原因迅速减少。弗吉尼亚斯维特布莱尔学院的林肯·布劳尔(Lincoln Brower)和他同事说,2002年冬天,种群数量就减少得很快。那年的1月12日,越冬的君主斑蝶遭遇了一场降雨量达50毫米的大雨,这场雨很快变成了大雪,又下了50毫米。雨雪过后,被冻死的蝴蝶在地面堆了足足60多厘米厚。布劳尔估计,大约5亿只君主斑蝶在这场雨雪中丧命。第二年,君主斑蝶的数量就恢复了。尽管如此,这件事说明,大量的蝴蝶会在某种因素的冲击下顷刻消失。

就算数量波动是意料之中的,但还是有危险;种群越小,这种危险就越大。随着时间推移,无论是种群规模,还是增长率的大幅变化,都势必降低种群的增长量。统计学第一原理告诉我们,增长型的波动没有坏处,但下跌型的波动则会导致灭绝。如果种群的增长率总是低于平均值,那么这个种群的规模只会越来越小。想想2002年的雨雪天,放到现在就可能让整个种群死光光。总的说来,在过去的20年间,由于自身变化和威胁因素增多,君主斑蝶的数量一直在下降。

尽管本章的重点是北美洲东部的君主斑蝶,但西部的种群也有类似的问题。目前看来,西部种群面临的风险更大。谢丽尔·舒尔

---

① 参见 Walsh, B. D. & Riley, C. V., "A swarm of butterflies"(《大群的蝴蝶》), *American Entomologist*(《美国昆虫学家》)(Sept.) 1868: 28-29;有关新泽西州出现大群君主斑蝶的描述,参见 Holland, W. J. (1908), *The Butterfly Book: A Popular Guide to a Knowledge of the North America*(《关于蝴蝶的书:北美知识指南》) (Garden City, NY: Doubleday, Page, and Company), pp. 82-83。

茨和她的同事们估计，从1986年到现在，西部的君主斑蝶数量已经减少了95%（大约从450万减少到20万）。[①] 照这个速度下去，它在未来20年内绝迹的概率有72%，50年内绝迹的概率则有86%。[②]

在前言里，我没有提及君主斑蝶。东部种群如此之大，夏季分布区又如此之宽，加上它的生物学特性有所不同，如果把它和其他稀有蝴蝶放在一起，难免给人一种风马牛不相及的感觉。在北美洲东部，君主斑蝶的数量至少是最珍稀的蝴蝶的上万倍。

即使君主斑蝶不像珍稀蝴蝶，我也发现了惊人的相似之处。就算君主斑蝶的夏季分布区广袤无比，但它的越冬区面积只有20公顷，和一些稀有蝴蝶的分布区大小相当（例如米氏环眼蝶和斑凯灰蝶）。同时，和其他蝴蝶一样，君主斑蝶对墨西哥的森林破坏也十分敏感。

从数量下降的趋势看，君主斑蝶和其他稀有蝴蝶也很相似。和历史上的数量相比，稀有蝴蝶今天的数量不过是九牛一毛。它们所经历的衰退，超过了君主斑蝶东部种群的87%，也超过了西部种群的97%。在经历了20年的数量减少后，今天还剩大约1亿只君主斑蝶。如果它们的数量再下降90%，然后就这么不停地减下去的话，东部种群注定要成稀有蝴蝶。最终，它也会像其他稀有蝴蝶和西部种群一样，面临着灭顶之灾。

---

① 参见 Schultz, C. B., Brown, L. M., Pelton, E. & Crone, E. E. (2017), "Citizen science monitoring demonstrates dramatic declines of monarch butterflies in western North America"（《公民科学的监测数据表明北美西部君主斑蝶数量急剧下降》）, *Biological Conservation*（《生物保育》）214: 343 - 346。

② 有关种群数量的估算方法，参见 Calvert, W. H. (2004), "Two methods estimating overwintering Monarch population size in Mexico"（《两种估算墨西哥越冬君主斑蝶种群数量的方法》）, in Oberhauser, K. S. & Solensky, M. J. eds., *The Monarch Butterfly: Biology and Conservation*（《君主斑蝶：生物学与保育》）(Ithaca, NY: Cornell University Press), pp. 121 - 127。关于普遍认可的5 000万只/公顷的标准密度，参见 Brower, L. P., Kust, D. R., Rendon-Salinas, E., et al. (2004), "Catastrophic winter storm mortality of Monarch butterflies in Mexico during January 2002"（《2002年1月的灾难性冬季风暴导致墨西哥君主斑蝶死亡》）, in Oberhauser, K. S. & Solensky, M. J. eds., *The Monarch Butterfly: Biology and Conservation*（《君主斑蝶：生物学与保育》）(Ithaca, NY: Cornell University Press), pp. 151 - 166。

三大威胁[①]

无论在北美洲东部广袤的繁殖区，还是在墨西哥狭小的越冬区，人类活动一直在改变着自然景观。虽然这种变化已持续了几个世纪，但过去几十年中，人口增长和耕地增加对栖息地造成了空前的影响。要弄清东部种群衰退的原因，我们必须了解它繁殖区和越冬区里的威胁因素。

君主斑蝶的数量一直在减少，但科学家们说不清原因。[②] 历史上，君主斑蝶至少遭受了三类剧烈的环境变化。第一类，与 1996 年引进的"抗农达"系列的大豆[③]有关，这种转基因大豆耐除草剂。随着精细农业的不断发展，田间地头已经没有寄主植物的立锥之地了。[④] 无独有偶，随着转基因大豆的普及，新烟碱类杀虫剂也成了农业的新宠。[⑤] 这类水溶性杀虫剂分解慢，会被植物的根吸收，并残

---

① 我在本书里没有讨论的其他威胁因素包括气候变化和病害。

② 尽管这些事物之间存在相关性，但仍并不能解释种群数量大规模下降的原因。参见 Agrawal, A. (2017), *Monarchs and Milkweed: A Migrating Butterfly, a Poisonous Plant, and Their Remarkable Story of Conservation*（《君主斑蝶和马利筋：一种迁飞的蝴蝶、一种有毒植物，以及它们在保育领域不同寻常的故事》）(Princeton, NJ: Princeton University Press)。

③ 书中的大豆品种名为 Roundup-Ready，是美国孟山都公司（Monsanto）研发的一种抗草甘膦除草剂的品种。——译者注

④ 约翰·普莱曾茨（John Pleasants）和卡伦·奥伯豪瑟发现，1999 年至 2010 年间，农业用地里的马利筋的数量减少了 80%，比非农业用地的下降速度快了 3 倍。由于耐除草剂的转基因大豆在 94%的玉米地和大豆地里轮作，且覆盖面积一直正在上升，超过 40 万平方公里范围内的马利筋都受到了影响。因此，马利筋的数量一直在持续下降。参见 Pleasants, J. M. & Oberhauser, K. S. (2013), "Milkweed loss in agricultural fields because of herbicide use: Effect on monarch butterfly population"（《施用用除草剂导致农田中马利筋的消亡：对君主斑蝶种群的影响》），*Insect Conservation and Diversity*（《昆虫保育与多样性》）6: 135 – 144。

⑤ 一项研究在实验室中测试了新烟碱类化合物对君主斑蝶生存率的影响以及对作物附近马利筋数量的影响；参见 Pecenka, J. R. & Lundgren, J. G. (2015), "Non-target effects of clothianidin on monarch butterflies"（《噻虫胺对君主斑蝶的非靶向作用》），*Science of Nature*（《自然科学》）102: 19。种子包衣里的新烟碱类物质在种植过程中会进入尘土，然后随大气飘过大片区域，能影响到的昆虫种群范围远远超出农地边缘；参见 Krupke, C. H., Holland, J. D., Long, E. Y. & Eitzer, B. I. (2017), "Planting of neonicotinoid-treated maize poses risks for honey bees and other non-target organisms over a wide area without consistent crop yield benefit"（《种植经新烟碱处理的玉米会给大范围内的蜜蜂和其他非标靶生物造成风险，但作物产量并没有持续增长》），*Journal of Applied Ecology*（《应用生态学报》）54: 1449 – 1458。

留在叶片当中。实验发现,很小剂量的杀虫剂就会降低幼虫的存活率。随着除草剂和杀虫剂施用量的增加,君主斑蝶的数量一直在减少。这一现象在不种玉米的地区也有,达科塔弄蝶(*Hesperia dacotae*)和灿弄蝶(*Oarisma poweshiek*)就是两个典型。农药对君主斑蝶的影响会累积很久,直到问题明显才会被人们发现。

第二,君主斑蝶的繁殖区发生过很多次剧变。在19世纪,当人们把美国东部的森林变成农田时,产生了大片的草地,草地有利于君主斑蝶的寄主植物生长。随着人群向西扩张,他们又将长着寄主植物的草原变成了农田。在过去的一个世纪里,美国东北部经历了从农业到城市的发展过程。此间,农业用地减少,森林覆盖率增加。在这一系列变化里,君主斑蝶的栖息地时而增加,时而减少;但最终产生了什么结果,谁也说不清楚。①

第三就是越冬区的森林景观变化,君主斑蝶生物圈保护区(Monarch Butterfly Biosphere Reserve)②的面积超过400平方公里。在那里,核心区的面积约有120平方公里。遗憾的是,超过20平方公里(约占总面积的六分之一)的核心区已经退化或彻底消失了。小片森林的退化足以造成君主斑蝶的快速衰退。③

长期以来,关于君主斑蝶迁飞途中哪里最脆弱的问题,科学家

---

① 有关全球森林覆盖率的变化(包括美国东部)的重要解读,参见 Williams, M. (2003), *Deforesting the Earth: From Prehistory to Global Crisis*(《地球失绿:从史前到全球危机》)(Chicago: Chicago University Press)。

② 君主斑蝶生物圈保护区是墨西哥境内墨西哥城西北部约100公里处的山区里一片以君主斑蝶为主要保护对象的自然保护区。

③ 参见 Vidal, O., López-Garcia, J. & Rendón-Salinas E. (2014), "Trends in deforestation and forest degeneration after a decade of monitoring in the Monarch Butterfly Biosphere Reserve in Mexico"(《十年监测揭示墨西哥君主斑蝶生物圈保护区的森林砍伐和退化趋势》), *Conservation Biology*(《保育生物学》) 28: 177-186。森林也会因非采伐的方式而消失,其中一种威胁可能是森林附近的矿产开采。在君主斑蝶越冬区的山脉下面,分布一些早年开发但现在已经弃用的矿山。采矿并不会对君主斑蝶产生直接影响,但十分耗水,水份枯竭会使土壤干燥并造成高山冷杉死亡。参见 UNESCO World Heritage Center (2017), "State of Conservation: Monarch Butterfly Biosphere Reserve (Mexico)"(《保护状况:墨西哥君主斑蝶生物圈保护区》), whc.unesco.org/cn/soc/3559, accessed on Setp. 13, 2018。

们莫衷一是。[①] 想要彻底阐明数量在哪里下降,又是为什么下降,并不是一件容易的事情。这些我们琢磨不清的地方,就是研究的热点领域。截至目前,科学家们只在迁飞途中的一个地点调查种群数量,那就是墨西哥越冬区里的森林。但是,想要回答上面的问题,我们还必须知道,墨西哥的森林退化如何影响君主斑蝶产卵、觅食、发育和迁飞等一系列行为。然而,面对如此庞大的种群和如此宽广的分布范围,这样的研究简直难如登天。

公民科学

想要收集整个繁殖区内的种群数据,科学家就得依靠群众的力量了。其中,公民科学是最重要的数据来源。通过公民科学的促进,无数的非科研人员活跃在君主斑蝶的分布区里,收集到了覆盖面更广的数据。事实证明,君主斑蝶成了推广数据收集的形象大使。许多研究君主斑蝶的科学家,比如堪萨斯大学的奇普·泰勒(Chip Taylor)教授和威斯康星大学的卡伦·奥伯豪瑟教授,都研发出了相应的平台。其中,名为 Monarch Watch 的平台主要用来追踪成虫[②],而名为 Monarch Larva Monitoring Project 的平台则追踪幼虫[③]。这些平台向公众开放,让成千上万的热心人有序地参与保育事业里。

---

① 景观变化对君主斑蝶种群的影响取决于它们返回越冬区之前在繁殖区里生活的位置。马里兰大学的生物学家泰勒·弗洛克哈特(Tyler Flockhart)从不同君主斑蝶越冬种群采集的样本里确定了它们的繁殖地。他指出,在整个北美洲,碳氢同位素丰度是随着纬度、海拔、温度和降雨量的梯度而变化的。通过分析君主斑蝶南迁之前所摄入的这些稀有元素,他可以把从墨西哥采集的君主斑蝶与其源种群相匹配。他发现,中西部和东北部的种群来源大致相当。参见 Flockhart, D. T., Wassenaar, L. I., Martin, T. G., et al. (2013),"Tracking multigenerational colonization of the breeding grounds by monarch butterflies in eastern North America"(《追踪北美洲东部君主斑蝶在繁殖地的多代定居》),*Proceedings of the Royal Society of London B: Biological Sciences*(《伦敦皇家学会会刊 B:生物科学》)280: 20131087。

② 参见 Monarch Watch, www.monarchwatch.org。

③ 参见 Monarch Larva Monitoring Project, University of Minnesota, monarchlab.org/mlmp。

在另一个项目里,北美蝴蝶协会组织人们在每年7月4日提交数据。[①] 那天,志愿者们会在北美洲境内大约500个观测点调查蝴蝶。这里头有不少都在东部种群的分布区中。活动当天,志愿者们在方圆24公里的范围里调查并计数所有蝴蝶。这个项目已经做了40多年,它所积累的数据很有用处,至少提供了一些宏观变化规律。

人们还可以在小范围内开展类似的工作,观测点也可以布设得更密集些。俄亥俄州就有自己的君主斑蝶监测项目。20年来,俄亥俄州鳞翅学会都会组织志愿者,从每年的春季到秋季,以每周一次的频率,沿着州内的固定样线调查所有蝴蝶的数量。这些数据可以用来分析气候变化对君主斑蝶的影响。[②] 例如,密歇根州立大学的埃莉斯·齐普金教授分析发现,温度适当升高会促进君主斑蝶的种群增长,但过度高温反而会抑制它,因为过高的温度会导致蝴蝶死亡。在君主斑蝶的分布区里,类似的州级调查项目还有不少,主要集中在美国的中西部地区。

在繁殖区里,公民科学已经成了了解君主斑蝶的生存状况、种群动态和威胁因素的强大资源。[③] 通过收集和分析这些数据,生态学家可以弄清威胁因素出现的地点和时间。乔治敦大学的莱斯利·里斯教授带领了一个研究小组,他们发现,从越冬区到繁殖区,君主斑蝶的种群数量是沿途增加的。然而,在飞回墨西哥的过程中减少了。他们假设,君主斑蝶在南迁途中的生存率

---

① 参见 North America Butterfly Association, Butterfly Counts, www. naba. org/butter_counts. html。

② 我的组员用俄亥俄州鳞翅学会的数据来分析气候变化和城市变暖对蝴蝶发生季的影响。其中一个案例是:Cayton, H. L., Haddad, N. M., Gross, K., et al. (2015),"Do growth degree days predict phenology across butterfly species?"(《发育积温能预测多种蝴蝶的发生期吗?》), *Ecology* (《生态学》)96: 1473-1479。

③ 参见 Zipkin, E. E., Ries, L., Reeves, R., et al. (2012),"Tracking climate impacts on the migratory Monarch butterfly"(《追踪气候对迁飞君主斑蝶的影响》), *Global Change Biology* (《全球变化生物学》)18: 3039-3049。

较低。[①] 奥杜邦协会(National Audubon Society)[②]的萨拉·桑德斯和她的组员则发现,墨西哥越冬区里的种群主要受到三种因素影响:一是繁殖区内夏季种群的数量;二是秋季迁飞沿途的蜜源数量;三是越冬区内的栖息地数量。[③] 上述这些分析,把人们的注意力引向了新的威胁因素。[④]

通过这样的研究,人们可能会发现稳定种群的办法。然而,造成数量下降的根本原因还得靠小范围的观测和实验才能确定。一起调查君主斑蝶和其他昆虫是个不错的主意,因为君主斑蝶、蜜蜂和其他昆虫都很引人关注。[⑤] 在夏季分布区开展定期、严格、标准化的数据收集工作,不仅可以估算种群变动的趋势,也能揭示出君主斑蝶所面临的威胁。这样的目标可能会通过俄亥俄模式得以实现,也很可能推广到其他的州。[⑥]

---

① 参见 Ries, L., Taron, D. J. & Rendón-Salinas, E. (2015), "The disconnect between summer and winter monarch trends for the eastern migratory population: Possible links to differing drivers"(《君主斑蝶东部迁飞种群夏季和冬季趋势间的脱节:不同驱动因素和可能的关系》), *Annals of the Entomological Society of America* (《美国昆虫学会年刊》) 108: 691 - 699;以及 Kies, L., Taron, D. J., Rendón-Salinas, E., Oberhause, K. S., Taron, D., et al. (2015), "Connecting eastern Monarch population dynamics across their migratory cycle"(《将君主斑蝶东部种群动态和整个迁飞周期相连接》), in Oberhauser, K. S., Nail, K. R. & Altizer, S. eds., *Moncarchs in a Changing World: Biology and Conservation of an Iconic Insect*(《全球变化下的君主斑蝶:一种具有象征意义的昆虫的生物学和保育》)(Ithaca, NY: Cornell University Press), pp. 268 - 281。

② 奥杜邦协会是一家美国的民间生物多样性保育组织,成立于 1886 年,以美国著名画家和博物学家约翰·詹姆斯·奥杜邦(John James Audubon)的名字命名。其主要目标是通过科研、宣传、公众教育和在地保育来实现鸟类及其他野生动物及其栖息地的保护。——译者注

③ 参见 Saunders, S. P., Ries, L., Neupane, N., et al., *Multi-scale factors drive the size of winter Monarch colonies*(《多尺度因素驱动的君主斑蝶越冬种群变化》)PNAS,116(17):8609 - 8614。

④ 另一项研究使用了北美蝴蝶学会收集的整个繁殖区内的君主斑蝶种群数据,分析发现,秋季迁飞区可能是造成君主斑蝶衰退的原因;参见 Inamine, H., Ellner, S. P., Springer, J. P. & Agrawal, A. A. (2016), "Linking the continental migratory cycle of the Monarch butterfly to understand its population decline"(《将君主斑蝶的大陆迁飞周期视为整体来研究其种群数量下降》), *Oikos*(《奥伊科斯》) 25: 1081 - 1091。

⑤ 参见 Pollinator Health Task Force, June 2016, *Pollinator Partnership Action Plan*(《传粉昆虫伙伴行动计划》)(Wathington DC: The White House), https://www.whitehouse.gov/sites/whitehouse.gov/files/images/Blog/PPAP_2016.pdf。

⑥ 参见 Caldwell, W., Preston, C. L. & Cariveau, A. (2018), *Monarch Conservation Implementation Plan* (《君主斑蝶保育实践计划》)(St. Paul, MN: Monarch Joint Venture), monarchjointventure.org/images/uploads/documents/2018_Monarch_Conservation_Implementation_Plan_FINAL_2。

不易的物种，艰难的迁飞

东部种群的数量锐减促使环保人士提出了扩大保育范围的倡议。2014年8月，生物多样性中心、西思协会和食品安全中心联合首席科学家林肯·布劳尔向美国鱼类及野生动植物管理局发起请愿，要求将君主斑蝶指名亚种（*Danaus plexippus plexippus*）列为受威胁物种。2014年12月31日，管理局受理了这一申请，并启动了细致的评估程序。一般情况下，这个审批过程需要90天时间，但为了听取多方意见，管理局依法延长了审批程序。他们在2019年做出了决定。

是否把君主斑蝶列为受威胁物种，要取决于它在短期内是否会濒危？如果按种群数量论，它似乎还达不到。然而，《美国濒危物种法案》并没有规定什么样的种群规模才能入选，名录里一些动物的数量远比受威胁的蝴蝶要多。最直接的例子就是鲑鱼，它被列为濒危物种，但它的种群数量也成千上万。在北美洲东部，君主斑蝶的数量超过3 000万，至少是名录里其他蝴蝶数量的一万倍。此外，许多比君主斑蝶少得多的蝴蝶都没能得到保护。

一些定量标准更为有利，世界自然保护联盟发布的《受威胁物种红色名录》就对种群数量和分布区大小做出过定量描述。例如，全球种群数量下降90%或以上的物种即是极危级别。在威胁因素和应对方案不详时，种群数量下降80%即为极危。东部种群的数量已经减少了87%以上，而西部种群也减少了97%，管理局或许会因此将其列入名录。

2015年，当君主斑蝶还在收录审批阶段时，白宫就启动了一项恢复计划。这项计划的重点是保护君主斑蝶迁飞的“高速公路”，或者称为廊道，旨在把迁飞沿途的栖息地连接起来。它的核心概念，是恢复明尼苏达州和得克萨斯州之间的I-35州际公路周边的栖息地。[1] 把破碎的栖息地连接成生态廊道并不是什么新鲜事，这也是我的研究重点之一。一般而言，生态廊道会与环境要素相契合，如河流、山脉或植被带。这项廊道计划有点与众不同，它的长度纵贯美国南北。

白宫所提出的“廊道”并非严格意义上的生态廊道，真正的生态廊道是一条可以让动植物安全迁移的路径。对稀有蝴蝶而言，我的团队已经证明，溪流沿岸的林地就是米氏环眼蝶迁移的生态廊道。然而，白宫的工作并没有将广袤的繁殖区和墨西哥的越冬区连起来。白宫的重点，是州际公路两侧 1.6 公里的范围。不过，选这条路也有一定的意义，至少它大体覆盖了君主斑蝶主要的迁飞路线，并且还能补充那里的寄主植物数量。

当然，选择高速公路会带来一个很大的问题。一年到头，州际公路都十分繁忙，川流不息的车辆会威胁到迁飞种群。在爱荷华州，科学家做过一项公路对蝴蝶影响的评估。莱斯利・里斯发现，蝴蝶会沿着路飞，但很少横穿马路。她发现，为蝴蝶种植寄主植物的效益是值得的。[2] 然而，对于廊道这样的大工程，我们还需要更新的研究结果来评价风险。

对于是否要将君主斑蝶列入名单，即使最热心的鳞翅学家和保育生物学家也存在分歧，这种现状着实令我难以置信。为此，我问过好几位活跃于蝴蝶保育领域的生态学家和保育专家，他们都说这个问题很复杂。当我问到贾里特・丹尼尔斯时，他提出了几个问题，例如：孩童还能通过采集或饲养来了解君主斑蝶吗？人们院子里的马利筋和君主斑蝶会引发土地利用的限制吗？对于类似情况，法规可能会相应地豁免，也可能造成执法的困境。再者，想想分布

---

① 案例如：Haddad, N. M., Browne, D. R., Cunningham, A., et al. (2003), "Corridor use by diverse taxa"(《不同物种的生物廊道》), *Ecology* (《生态学》)84: 609－615。

② 参见 Ries, L., Debinski, D. M. & Wieland, M. L. (2001), "Conservation value of roadside prairie restoration to butterfly communities"(《路边草原修复对蝴蝶群落的保育价值》), *Conservation Biology*(《保育生物学》) 15: 401－411。

区里的那些耕地，这事儿真能行得通吗？我问卡伦·奥伯豪瑟，对于把君主斑蝶列为受威胁物种有何看法，她坦言自己也曾十分矛盾。最终，她认为，鉴于当前的种群状况和过去20年来的数量骤降，东部种群完全符合《美国濒危物种法案》里的入选条件。

如我所说，君主斑蝶数量甚众，还谈不上稀有。那么，人们也很难想象它们会变得罕见。但是，很多例子已经说明了这是可能的。

每年，在本科的生态学课程上，我都会指出，数量最多的物种也会遭受灭顶之灾。我使用的经典案例是旅鸽（*Ectopistes migratorius*）。一个半世纪前，它曾是北美洲数量最多的鸟类。数以亿计的旅鸽迁徙时，也曾遮天蔽日，这和君主斑蝶十分相似。在19世纪下半叶，火车和电报的出现加快了人类扩张的步伐，随之而来的森林砍伐和过度捕猎也成了大问题。在短短几十年里，旅鸽的种群数量就跌到了谷底。1914年，最后一只名为玛莎的旅鸽在辛辛那提动物园去世，正式宣告了这一物种的灭绝。君主斑蝶会步旅鸽的后尘吗？[①]

是时候正视和解决君主斑蝶的问题了。加拿大滑铁卢大学的托马斯·霍默-迪克森（Thomas Homer-Dixon）教授说："对于任何系统而言，一旦过了某种临界点——譬如君主斑蝶的迁飞链断了——我们就很难把它恢复到先前的状态，系统会自己重置，而后进入另一种稳态。"君主斑蝶应该放到这本书里，既不是反例，也不是稀有蝴蝶之一。相反，它代表着一个愿望，一个希望稀有蝴蝶种类不再增加的愿望。君主斑蝶应该成为照耀其他蝴蝶、昆虫、脊椎动物乃至植物好好活下去的希望之光。[②]

---

① 洛基山岩蝗（*Melanoplus spretus*）的灭绝过程与旅鸽十分相似。这种蝗虫曾经遍布整个北美洲，其中大草原区域是主要的分布区。1875年，一位农民根据他的观察估计，洛基山岩蝗总共有10万亿个个体。当草原被开垦后，蝗虫的栖息地就遭到了破坏。到1903年时，洛基山岩蝗灭绝了。参见 Lockwood, J. A. (2009), *Locust: The Devastating Rise and Mysterious Disappearance of the Insect That Shaped the American Frontier*（《蝗虫：塑造美国边境的昆虫的毁灭性崛起和神秘消失》）(New York: Basic Books)。

② 参见 Homer-Dixon, T. (2014/2018), "Today's butterfly effect is tomorrow's trouble"（《今日的"蝴蝶效应"将成为明日的灾难》）, *Global and Mail*（《环球邮报》）(Toronto), Nov. 15, 2014, updated May 12, 2018。

第十章

最后的蝴蝶？

我刚提笔的时候，心里就一直装着一个问题：世界上最稀有的蝴蝶是哪种？我自己的答案是阿里芷凤蝶。不幸的是，够格加入稀有蝴蝶名录的物种越来越多了。在一定程度上，这源于人们对蝴蝶的了解越来越深入，从曾经的知名物种到后来鲜为人知的物种，甚至是亚种都进入了人们的视线。这种进步也表现在稀有蝴蝶外观上：一个世纪前的稀有蝴蝶是大型艳丽的，到本世纪中叶变成了小型美丽的，而最近却是那些小型而朴素的了。如果说，20 世纪的情况代表着一定的趋势，那么稀有蝴蝶的前景就会十分堪忧。我们可以预见，随着全球化的加速，稀有蝴蝶的物种数量会比以前增加得更快。

过去的一个多世纪，稀有蝴蝶的数量一直在减少。在各种原因的作用下，它们的种群在不断地衰退和消失。同时，它们的分布范围也不断缩水。眼下，所有蝴蝶的个体数量、种群数量和分布范围都在减少，那些最稀有的正在消失。[①]

---

① 参见 Agrawal, A. A. & Inamine, H. (2018),"Mechanisms behind the Monarch's decline"(《君主斑蝶种群衰退背后的机制》), *Science*(《科学》) 360: 1294 - 1296。参见 Dirzo, R., Young, H. S., Galetti, M., et al. (2014),"Defaunation in the Anthropocene"(《人类世的动物灭绝》), *Science* (《科学》)345: 401 - 406。

每年,当我走进稀有蝴蝶的栖息地开始采样的时候,我都忍不住想:我是否会目睹最后一只蝴蝶?迄今为止,我虽没见证过某一种蝴蝶的灭绝。但我亲历过几个种群的绝迹。在我才开始研究稀有蝴蝶时,我从未想过会有这么多种群消失在我眼前。20 年间,我眼看着 7 个米氏环眼蝶种群里的 3 个消失了,3 个斑凯灰蝶种群绝迹了,还有一小部分的尖螯灰蝶也不见了踪影。对于艾地堇蛱蝶和阿里芷凤蝶这样只剩一个种群的蝴蝶,只要丢掉一个种群就等于灭绝。

开始写这本书时,我把重点放在了最稀有的几种蝴蝶上,因为这些蝴蝶是最可能灭绝的。但很快,我就听到了其他蝴蝶数量严重下降的消息。例如,北美洲东部君主斑蝶先降到大约 2 亿只,然后是 1 亿只,然后是 3 000 万只,之后又恢复到 1 亿只。又如,一项研究指出,全球所有蝴蝶和飞蛾的种群大小在过去 40 年里下降了 30%。还有研究表明,过去 27 年中,德国自然保护区内的昆虫生物量减少了 75%。[①]

从表面上看,最后的蝴蝶的想法既荒诞又真实。荒诞之处在于,有些蝴蝶无论如何都会活下去,因为它们非常适应人类改造后的地球。例如,我无论如何也不会相信菜粉蝶要灭绝。这种蝴蝶原产于欧洲、亚洲和北非,但如今在北美洲和澳大利亚也很常见了。它的寄主是人类食用的蔬菜,包括白菜、西兰花和花椰菜,它就是随着这些蔬菜而来的。

但是,对于另一些蝴蝶来说,哪怕常见,走向灭绝也是在所难免。君主斑蝶就是常见蝴蝶里的特殊案例,它的种群数量已经在迅速下降了。或许,它迁飞到越冬区里会遇到其他稀有蝴蝶所面临的威胁。又或许,这些威胁早已遍布它的繁殖区。在君主斑蝶的繁殖

---

① 参见 Hallmann, C. A., Sorg, M., Jongejans, E., et al.(2017),"More than 75 percent decline over 27 years in total flying insect biomass in protected areas"(《过去 27 年保护地中的有翅类昆虫生物量下降了 75%》),*PloS ONE*(《公共科学图书馆期刊》)12: e0185809。

区里，一些常见蝶种都已经濒危了。达科塔弄蝶和灿弄蝶（彩版图15）就是典型。20年前，它们的分布区从美国的密歇根州一直延伸到加拿大的曼尼托巴省，有上百个繁盛的种群。而今，它们种群数量已经寥寥无几。与君主斑蝶一样，它们衰退的原因也是个谜。对于这两种弄蝶来说，最后一只蝴蝶的想法就是真实的。我们不知道，还有多少种蝴蝶和昆虫已经走上了这条不归路。

新晋"金丝雀"

对昆虫这个大家族而言，稀有蝴蝶就好比煤矿中的金丝雀。据科学家们掌握的数据，稀有蝴蝶和其他昆虫数量下降的原因是一样的。蝴蝶的衰退和灭绝，往往暗示着那些我们从未关注的昆虫的衰退和灭绝。

比起蝴蝶，我们对其他昆虫种群的变化，以及导致这些变化的原因几乎一无所知。近一个多世纪，人们一直在跟踪研究蝴蝶的多样性和丰富度。如今，全世界研究蝴蝶种群动态的团队越来越多了。[①]

为了说明我们对其他昆虫所受的威胁知之甚少，我专门查阅了被权威保育机构——世界自然保护联盟列为极危或濒危的昆虫。在入列的730个物种中，只有6个物种有生物学数据，但这些数据也都不甚全面。

和其他受威胁的动植物一样，栖息地丧失是蝴蝶所面临的最大威胁。看看那些列入稀有蝴蝶名录里的物种，它们的栖息地要么变成了城市，要么建成了公路，要么开成了农田。迈阿密的大都市侵占了阿里芷凤蝶的海滨常绿阔叶林和尖鳌灰蝶的松岩，一条高速公

---

① 参见 Schultz, C. B., Haddad, N. M., Henry, E. H. & Crone, E. E. (2019), "Movement and demography of at-risk butterflies: Building blocks for conservation"（《濒危蝴蝶的种群扩散和种群结构：保育的基石》），*Annual Review of Entomology*（《昆虫学年评》）64: 167－184。

路将艾地堇蛱蝶的种群从中劈开。最可悲的是,旧金山就建在了加利福尼亚甜灰蝶(见第一章)和湿地双眼蝶指名亚种(*Cercyonis sthenele sthenele*)的栖息地上,并直接导致了它们的灭绝。

对于稀有蝴蝶来说,栖息地丧失并不是唯一的威胁。不同的威胁因素交织在一起,加剧了其他不利因素对种群的影响,最终使种群走向衰退。以艾地堇蛱蝶为例,高速公路带来了汽车,汽车带来了氮污染,氮污染又增加了蛇纹岩草地的肥力,最终打破了那里的生态平衡,使本土植被变成了外来杂草。在未来,气候变化将以多种方式影响蝴蝶的生存。实际上,已经改变的水热条件是不利于艾地堇蛱蝶的。在栖息地丧失和生境破碎化的驱动下,这些威胁会变得更加严重。毫无疑问,受到这些威胁因素的影响,其他昆虫和植物的数量也会下降,而蝴蝶恰好反映出了宏观生物多样性的下降。[①]

同呼吸,共命运

在研究稀有蝴蝶的过程中,我最大的收获是发现了栖息地退化的一个关键原因:缺乏自然干扰。对此,我有三个假设。第一,这是一个普遍现象,因为所有稀有蝴蝶的栖息地都需要自然干扰才能得以维持(图 10.1)。第二,不同种的稀有蝴蝶所需要的干扰类型和强度差别很大。第三,自然干扰会杀伤蝴蝶,但对于稳定种群又是必不可少的。其他稀有昆虫很可能对自然干扰产生类似的反应,因此,蝴蝶也是洞悉干扰如何影响其他昆虫的窗口。[②]

---

① 我必须再次强调,人类活动造成的有害干扰是显著不同的。例如,将森林变成城市或农场,栖息地破碎化,以及引入有害物种。这类干扰对蝴蝶多样性产生的影响始终是负面的;参见 Dirzo, R., Young, H. S., Galetti, M., et al. (2014),"Defaunation in the Anthropocene"(《人类世的动物灭绝》), *Science*(《科学》) 345: 401 – 406。

② 参见 Haddad, N. M. (2018),"Resurrection and resilience of the rarest butterflies"(《抢救稀有蝴蝶及其恢复力》), *PLoS Biology*(《公共科学图书馆生物学期刊》) 16: e2003488。

图 10.1 三种稀有蝴蝶的种群变化趋势图，它们都依赖于自然干扰，这些所需的干扰现在都是由人工实施的，在实施干扰之前，米氏环眼蝶消失了，霾灰蝶灭绝了，伊卡爱灰蝶严重衰退了；干扰恢复后，通过迁入和重新建群，米氏环眼蝶和霾灰蝶的种群恢复起来了；由尼尔·麦科伊改自尼克·哈达德在 2018 年的论文插图（*PLoS Biology*，16：e2003488），照片从上至下分别来自伊丽莎白·埃文斯（布拉格堡军事基地）、博比·麦凯和开放网络资源

刚开始研究稀有蝴蝶的时候,我也曾十分卖力地对付各种干扰。那时,我完全无法忍受任何破坏栖息地的行为,尤其是稀有蝴蝶的栖息地。我死守着这个观点过了十多年。然而,当我看着蝴蝶种群一个接一个地消亡后,我的想法就慢慢变了。我意识到,我的目光不应该只盯着蝴蝶个体,而应该把重点放在种群和物种层面上。牺牲某些个体是保全整个种群所必须的,这部分牺牲可以使更多的蝴蝶获益。不断衰退的种群逼着我"狠下心来",以牺牲掉一些蝴蝶的方式来挽救更多的蝴蝶。

说到这里,我先得把道理讲明白,避免形成可怕的误解。说得极端点,如果所有干扰同时作用在稀有蝴蝶的栖息地上,就很可能会导致它们灭绝。对于稀有蝴蝶来说,究竟多大的干扰算合适并不好说。有的区域需要火烧、水淹或其他干扰,并且还得轮换着来。譬如,就伊卡爱灰蝶而言,适宜的干扰是每年烧掉栖息地的三分之一;而对于米氏环眼蝶来说,则是每五年烧掉五分之一。干扰的频率和强度可以不同,但其核心原理是一样的。如今,人们通过很多防灾减灾的手段来减少自然干扰对人身和财产安全的威胁。但这么做降低了稀有蝴蝶栖息地的质量,最终可能使其他保育措施成为徒劳。保护稀有蝴蝶的关键,是保护那些把集合种群连接起来的栖息地,其中既要有被干扰的部分,也要有未被干扰的部分。

有的干扰很暴烈,有的又十分温和。例如,伊卡爱灰蝶栖息地里周期性的火烧,阿里芷凤蝶阔叶林家园上的风暴,以及霾灰蝶身边的食草动物。有时,这些干扰会产生协同作用。在米氏环眼蝶生活的湿地,每当河狸垒坝以后,草本植物就会茂盛起来;在干旱年份,或者河狸搬走时,火烧也可以清除一些灌木和乔木,为草丛腾出地方。当侵入的杂草覆盖了艾地堇蛱蝶的栖息地时,食草动物可以清除掉一些碍事的植物。几乎在各种情况下,干扰对稀有蝴蝶都有些益处。

总之,自然干扰对稀有蝴蝶的好处也清晰地传达了一个信息,那就是，在保育工作里我们得动真格。稀有蝴蝶的栖息地是时刻在变化着的，在自然界，演替会使原本适宜的栖息地变得不适，而自然干扰会平衡这种变化。对于生态学家而言，这很好理解，毕竟是生态学的基本原理之一。然而，到了保护稀有蝴蝶的时候，这些原理就和保育工作脱节了。最常见的情况是，自然干扰远离稀有蝴蝶的活动范围，因此起不到多大作用。如果所需的干扰不能自然地发生，我们就必须把它搬到保育工作当中来。

此外，在稀有蝴蝶生活的生态系统里，也生活着需要类似自然干扰的稀有动植物。正如伊卡爱灰蝶离不开金氏羽扇豆，米氏环眼蝶和糙叶珍珠菜、红冠啄木鸟以及捕蝇草相依为命。和稀有蝴蝶一样，这些动植物也会受到植被演替的威胁。但和稀有蝴蝶不同的是，有些物种可以幸免于难。例如，植物可以靠地下部分或土壤中的种子库渡过难关。自然干扰也会对受威胁昆虫的种群恢复产生积极作用，但我们迄今也无法洞悉这些昆虫的状况。因此，保育和恢复稀有蝴蝶也是挽救它们的最佳途径。

稀有蝴蝶的价值

在我向公众做演讲时，几乎每次都会被问同一个问题，那就是：我们为什么要关心这些稀有蝴蝶？当人们问这个问题的时候，他们已经假设这些蝴蝶是传粉者了。然后，在我告诉他们，这些蝴蝶不怎么传播花粉的时候，他们都感到很失望。稀有蝴蝶数量很少，体重也很轻，所以它们对生态系统的贡献也十分有限。那么，我就很难说下去了，因为最稀有的东西却对社会经济或生态系统没有多少可量化的价值。

尽管如此，稀有蝴蝶还是有它的价值。它们能反映出自然界对昆虫的各种威胁因素，其中就有对人类有实际价值的那些昆虫。尽管稀有蝴蝶没有为生态系统带来直接价值，但它们是其他昆虫生存质量的指示。我们经常听到传粉昆虫、天敌昆虫和其他有益昆虫消亡的消息。虽然稀有蝴蝶没有这些生态功能,但由于它们十分显眼,也就成了其他物种生存质量的重要参照。尽管多数人会觉得,稀有蝴蝶消失了没什么大不了。但如果是那些“有用”的昆虫消失了,我们赖以生存的生态系统就会发生翻天覆地的变化。

与其他昆虫相比,蝴蝶还有一个重要价值,那就是它们的魅力。在有关昆虫和生物多样性的公众教育方面,蝴蝶就是大自然的使者。即便人们说不出蝴蝶的名字,他们还是会经常把在园子里观察到的蝴蝶告诉我。他们会说:“今年我见到了很多蝴蝶。”而更多的时候,他们会说:“我发现我园子里的花上的蝴蝶变少了。”当他们觉得见到的蝴蝶变少时,他们会问:“您和其他科学家发现蝴蝶减少了吗?”在刚开始做研究的时候,我并不在乎这类“花园观测”,每次听了都只是出于礼貌地点点头。而现在,我坚信这些观测结果是真的,而且变得十分有用了。蝴蝶减少正是生物多样性下降的表现。

最美的蝴蝶要数君主斑蝶了。每当人们见到这种美丽而显眼的大蝴蝶时,他们都很兴奋。人们愿意花时间花钱给幼虫种马利筋,给成虫种花,就足以说明它的价值。在教育领域,君主斑蝶也体现了它的价值。作为知名蝶种,我们用它学会了昆虫的生活史、栖息地和迁飞过程。小学生把君主斑蝶从幼虫饲养到成虫,从小就体验到了大自然的神奇。君主斑蝶是典型的植食性昆虫和传粉昆虫,与其他稀有蝴蝶不同,它在生态系统里的价值是显而易见的。如果君主斑蝶的种群继续衰退下去,我们定会失去很多自然之美。

君主斑蝶的美还会给其他蝴蝶带去福气。我在做研究时就发现,因为君主斑蝶,其他传粉昆虫得到了更好的研究和保护,反过来又使更多的蝴蝶得到关注。这样说来,我研究稀有蝴蝶还沾了君主斑蝶的光呢。因为君主斑蝶,人们对其他蝴蝶也有了兴趣。像观鸟一样,观蝶也逐渐成为人们的业余爱好了。在科普基地里,越来越多的蝴蝶馆让人们能认识更多的蝴蝶,他们在这里见到的蝴蝶要比在自家附近见过的更多。回到大自然里,人们会因为好奇蝴蝶而对自然之美更有体悟。

不过,我们还是得权衡保育的成本和收益。所谓成本,就是开展保育工作所需的土地,弄清威胁因素所需的研究,以及进行恢复所需的措施。稀有蝴蝶大多生活在农田或城市边缘。因此,要改变这些土地的用途相对容易。目前,我们需要出钱买两类土地。第一类,是蝴蝶数量较多的栖息地。第二类,是栖息地周边的土地。米氏环眼蝶就是一个典型的例子,它的栖息地是由地表水或地下水给养的泥炭质湿地。栖息地本身肯定是要保护的,但它周边的区域也要保护,以防因地下水开采或土地用途变化而导致水源短缺。如今,上百公顷的新保护区将会稳住这些稀有蝴蝶的种群。在现代的保育规划里,购买这些土地已经是常规手段了。

要掌握蝴蝶的天性,弄明白种群趋势、种群结构、种群增长及其对栖息地退化和恢复的响应,都是需要成本的。正如我说过的,从掌握蝴蝶的生物学特性,到成功开展保育工作之间的道路,是漫长而曲折的。

维护优质栖息地也需要长期的投入。前文提过,稀有蝴蝶保育的一个共性是保持必要的干扰。在某些情况下,人工恢复起来的自然干扰可以自我维持。然而,由于人们一直在拼命消除某些干扰,恢复工作也必须不停地做下去(如图 10.1)。依赖火烧才能活下去的蝴蝶更是如此,因为火烧必须在严格控制下进行。尽管有计划的火烧不会殃及人群,但它多少会给生活在附近的人们造成不便。目前,包括伊卡爱灰蝶和米氏环眼蝶在内的稀有蝴蝶都还很依赖这种保育措施。我们也只能不停地投入,直到干扰可以自然而然地发生。

我的乐观看法

怎样做才能恢复稀有蝴蝶呢？我是个乐天派，有人说我乐观过头了，乐观到了相信稀有蝴蝶能活下去的地步。正是这份乐观带领我走进了稀有蝴蝶的世界，因为我坚信，科学的保育措施能够救它们。尽管这一路走来我也会郁闷，但每一种稀有蝴蝶都在鼓舞着我。它们的故事表明，保育和恢复是行得通的。

现在，稀有蝴蝶衰退得很厉害，我们能做些什么呢？经历了这一路的搜索和研究，我看到了四条出路，它们分别是：加强研究蝴蝶的天性，在生态系统的尺度上开展修复工作，用生态学原理指导土地管护，以及平衡稀有蝴蝶和人类的空间分布。要做到这几点，必须以公众保育意识的觉醒为前提。

成功的保育案例中，我们都会发现一些稀有蝴蝶有鲜为人知的天性。这些发现都得依赖基础研究，那是十分枯燥的学问，而我们会盲目地认为自己什么都弄明白了。只有在保育工作中注重物种的天性，我们才能在遏止种群衰退时采取更有效的措施。例如，人工繁育对阿里芷凤蝶就是一种有效的保育手段。然而，在霾灰蝶的案例里，我们看到的情况却令人纠结。学者们为了弄清它的天性所付出的精力令我敬畏，但只留下了一个教训，那就是：我们不能光顾着研究，还得及时地把这些知识用到保育上去。只有这样，我们才能改变稀有蝴蝶的命运。

对于那些栖息地看似还行，但种群数量已经骤减的蝴蝶来说，研究它们的天性是最有用的。写到这里，我脑海里浮现出了一些曾经分布很广的蝴蝶。例如，20世纪80年代的斑凯灰蝶和90年代的灿弄蝶。直到今天，我们都没搞清楚这些曾经常见的蝴蝶是如何在一夜之间崩溃的。它们仍然有大片的优质栖息地，但是，一些说不清的环境变化改写了它们的命运。想要恢复这些蝴蝶，我们就必须先解决那些环境问题。

如果我们眼里只有稀有蝴蝶本身，就不可能做到真正的恢复，因为稀有蝴蝶只是生态系统退化的一环。只有恢复整个生态系统之后，稀有蝴蝶的种群才能得以复苏。就伊卡爱灰蝶来说，只有用火烧的办法恢复了草地生态系统之后，它才有救。对于艾地堇蛱蝶，只有在入侵杂草得以控制，蛇纹岩草地恢复起来以后，它才有救。而对于米氏环眼蝶，它必须等到湿地生态系统恢复之后才有出路。无论何种情况，恢复的第一步都得对准生态系统。这样做的好处，不仅是恢复了一个蝴蝶的种群，其他动植物也能从中受益。

保育稀有蝴蝶的时候，我们也必须考虑栖息地面积和连通性，这已经是老生常谈的话题了。由于每个物种的栖息地很小，因此我们需要扩大其面积，栖息地面积增加会给稀有蝴蝶带来好处。保育的另一个关键是关注种群变化的趋势。即便在自然状况下，蝴蝶的种群大小也会波动，而干扰会加剧这些波动。适宜的干扰会形成更多的优质栖息地，但在这个过程中，一些个体会因干扰而死亡。干扰发生后，只有邻近区域的蝴蝶迁入，并建立种群以后才会重新达到稳定。要达到这个目标，邻近区域里就需要有足够多的种群数量。因此，景观保护的重点就是周边区域和连接种群的生态廊道。①

我最终还是相信稀有蝴蝶能活下去，并能与人类和谐相处。当然，它们也不得不和人类共处。在一些特殊情况下，蝴蝶却因为人类的“私利”而活得自在。要不是有炮火纷飞的靶场的庇护，米氏环眼蝶估计早就没了。要不是人们为了安全而将度假屋退离海滩，晶墨弄蝶估计也没了。还有，伊卡爱灰蝶最终也在有人和农场的地方繁荣生长。

成也在人，败也在人；土地用途的变化关系着稀有蝴蝶的兴衰。

---

① 参见 Haddad, N. M., Brudvig, L. A., Clobert, J., et al. (2015), “Habitat fragmentation and its lasting impact on earth’s ecosystems”（《栖息地破碎化及其对地球生态系统的持久影响》），*Science Advance*（《科学进展》）1 (2): e1500052。

对于多数稀有蝴蝶而言,它们所需的栖息地很小,小到几亩地就够了。正因为小,土地管护才更容易,那里的人们也才能更接近它们。当然,和人离得太近会带来不少问题,这些问题累加在一起也会造成衰退。但是,这种靠近也让人们更容易理解蝴蝶,理解它们的不易,并为保护它们付出一点努力。说到底,在人类的天地里开展保育要靠大家共同努力,来保护好连接不同种群的土地。

只有大家共同努力,蝴蝶才能在人类的世界里重生。伊卡爱灰蝶能够活下来,是科研工作者、保育工作者和土地管理者携手奋进的成果。科研工作者们用翔实的数据去指导管理决策,保育工作者们则用最新的科研成果去管护土地。用这种科学、精准和持续的方法做保育,稀有蝴蝶是可以得到恢复的。

这本书里,我曾指出,稀有蝴蝶的种类越来越多,威胁的种类也越来越多,强度也越来越大。然而,即便威胁与日俱增,我们也能遏止住稀有蝴蝶的衰退。只有我们掌握了蝴蝶的生物学特性,保护好自然环境,并恢复起生态系统的功能,稀有蝴蝶才能免于灭绝。

结　语

挽救稀有蝴蝶的核心原则,就是人类不该成为它们灭绝的原因。这个原则不仅适用于稀有蝴蝶,还可以推广到任何动植物上。每失去一种生灵,我们的星球就少了一分亮色。

对我而言,寻找稀有蝴蝶既是为了保护它们,也是为了加深对其他蝴蝶的了解。如果我们理解了威胁稀有蝴蝶的因素,我们就可以用这些知识来保护更多的蝴蝶、昆虫,以及身边那些可爱的生灵。

“同一颗星球”丛书书目

01 水下巴黎:光明之城如何经历 1910 年大洪水

[美]杰弗里·H.杰克逊 著 姜智芹 译

02 横财:全球变暖 生意兴隆

[美]麦肯齐·芬克 著 王佳存 译

03 消费的阴影:对全球环境的影响

[加拿大]彼得·道维尼 著 蔡媛媛 译

04 政治理论与全球气候变化

[美]史蒂夫·范德海登 主编 殷培红 冯相昭 等 译

05 被掠夺的星球:我们为何及怎样为全球繁荣而管理自然

[英]保罗·科利尔 著 姜智芹 王佳存 译

06 政治生态学:批判性导论(第二版)

[美]保罗·罗宾斯 著 裴文 译

07 自然的大都市:芝加哥与大西部

[美]威廉·克罗农 著 黄焰结 程香 王家银 译

08 尘暴:20 世纪 30 年代美国南部大平原

[美]唐纳德·沃斯特 著 侯文蕙 译

09 环境与社会:批判性导论

[美]保罗·罗宾斯 [美]约翰·欣茨 [美]萨拉·A.摩尔 著 居方 译

10 危险的年代:气候变化、长期应急以及漫漫前路
[美]大卫・W.奥尔 著 王佳存 王圣远 译

11 南非之泪:环境、权力与不公
[美]南希・J.雅各布斯 著 王富银 译 张瑾 审校

12 英国鸟类史
[英]德里克・亚尔登 [英]翁贝托・阿尔巴雷拉 著 周爽 译

13 被入侵的天堂:拉丁美洲环境史
[美]肖恩・威廉・米勒 著 谷蕾 李小燕 译

14 未来地球
[美]肯・希尔特纳 著 姜智芹 王佳存 译

15 生命之网:生态与资本积累
[美]詹森・W.摩尔 著 王毅 译

16 人类世的生态经济学
[加]彼得・G.布朗 [加]彼得・蒂默曼 编 夏循祥 张劼颖 等 译

17 中世纪的狼与荒野
[英]亚历山大・普勒斯科夫斯基 著 王纯磊 李娜 译

18 最后的蝴蝶
[美]尼克・哈达德 著 胡劭骥 王文玲 译